我国森林公园生态旅游开发与发展

陆向荣 著

北京工业大学出版社

图书在版编目（CIP）数据

我国森林公园生态旅游开发与发展 / 陆向荣著．—
北京：北京工业大学出版社，2024.1重印
ISBN 978-7-5639-6005-7

Ⅰ．①我… Ⅱ．①陆… Ⅲ．①森林公园－森林旅游－
旅游业发展－研究－中国 Ⅳ．① S759.992 ② F592

中国版本图书馆 CIP 数据核字（2019）第 021049 号

我国森林公园生态旅游开发与发展

著　　者：陆向荣
责任编辑：齐雪娇
封面设计：点墨轩阁
出版发行：北京工业大学出版社
　　　　　（北京市朝阳区平乐园 100 号　邮编：100124）
　　　　　010-67391722（传真）　bgdcbs@sina.com
经销单位：全国各地新华书店
承印单位：三河市元兴印务有限公司
开　　本：787 毫米 ×1092 毫米　1/16
印　　张：13.5
字　　数：270 千字
版　　次：2021 年 10 月第 1 版
印　　次：2024 年 1 月第 3 次印刷
标准书号：ISBN 978-7-5639-6005-7
定　　价：40.00 元

前　言

伴随着生态旅游的快速发展以及人类经济活动的开展，尤其是工业化、城市化进程的加快，生态环境被破坏，人类生存环境越来越差，人们对生态安全的需求越来越强烈，急需找到一条经济发展与生态保护并行的双赢道路。2009 年，我党在十七届四中全会中就对生态文明建设做出了战略部署，把生态文明建设与经济建设、政治建设、文化建设、社会建设并列提出。2012 年，党的十八大报告提出要着力推进绿色发展、循环发展、低碳发展，形成节约资源和保护环境的空间格局、产业结构、生产方式、生活方式，也就是要优化国土空间开发格局、全面促进资源节约、加大自然生态系统和环境保护力度、加强生态文明制度建设。2015 年，十八届五中全会召开，我党提出"五大发展理念"——"创新、协调、绿色、开放、共享"，将其中的绿色发展作为"十三五"时期经济社会发展的一个重要理念。绿色发展成为我党关于生态文明建设、社会主义现代化建设规律性认识的新成果。绿色发展扬弃了旧的发展方式和发展模式，日益获得人们的认同，引领社会各界形成新的发展观和生产生活方式。

促进森林公园生态旅游可持续发展是绿色发展理念的具体实施。森林公园生态旅游是生态旅游中的一种类型。森林公园生态旅游开发依托丰富的森林资源，为满足人们的物质和精神需求，在保障生态环境不被破坏的情况下，合理利用和开发森林资源，以促进当地社会经济发展。目前，我国各地立足于自身森林资源优势，通过对原有森林生态资源的保护，适当进行合理的、非破坏性的开发与利用，从而提高森林资源利用率和森林服务能力，以实现生态与经济良性发展。森林公园生态旅游这种既生态环保，又能促进经济增长的林业第三产业，正如雨后春笋一样涌现出来，并得到了迅速发展。

作　者

2018 年 10 月

目 录

第一章 森林公园和生态旅游

第一节 森林公园的定义与类型

一、森林公园的定义

（一）森林公园的概念

关于森林公园的概念，目前学术界尚有不同提法，并由此展开讨论。我国于 1999 年发布的《中国森林公园风景资源质量等级评定》（GB/T 18005-1999），对"森林公园"做出了科学的定义，指出森林公园是"具有一定规模和质量的森林风景资源和环境条件，可以开展森林旅游，并按法定程序申报批准的森林地域"。它明确了森林公园必须具备以下条件：第一，具有一定面积和界线的区域范围；第二，以森林景观为背景或依托，是这一区域的特点；第三，该区域必须具有旅游开发价值，要有一定数量和质量的自然景观或人文景观，区域内可为人们开展游憩、健身、科学研究和文化教育等活动提供场所；第四，必须经由法定程序申报和批准。凡达不到上述要求的，都不能被称为森林公园。

（二）森林公园与其他旅游区域的区别

森林公园同其他类型旅游区域相比，在功能、景观上都不尽相同，这也决定了森林公园旅游开发的侧重点与旅游发展方向有自己的特点，可以为森林公园旅游开发提供判断标准及指导依据。森林公园包含三大特征：①森林公园应具有森林生态因子和地形、地貌特征；②自然景观是森林公园的主要特征，但由于森林公园包含森林和公园两种景观，因此人工景观也不可缺少；③森林公园应具有自然保护和生态调节作用，兼有休憩疗养功能。森林公园与其他旅游区域的比较如表 1-1 所示。

表 1-1　森林公园与其他旅游区域的比较

类　别	主要功能	景观特色	位　置
森林公园	自然保护、休憩娱乐、度假疗养、科考	自然景观为主、人文景观共存	近远郊
风景名胜区	景观观赏	自然景观、人文景观	近远郊
自然保护区	自然资源保护与科考	自然原始状态	远郊
城市公园	公众娱乐、休憩	人工建设	建成区

需要指出的是，在我国，自然保护区、森林公园和风景名胜区三者之间往往互称，主要原因是中国的自然保护与公众游乐事业由多个政府部门多头管理，而不是由一个政府部门来统一管理，从而导致有的地方在经济利益的驱动下，把自然保护区改为风景名胜区或森林公园，致使在同一地域上共用两个名字。例如，九寨沟原是国家自然保护区，后又设立了九寨沟风景名胜区；大理苍耳国家自然保护区同时又是国家风景名胜区；武夷山国家自然保护区的外围又建了国家风景名胜区等。这些都给旅游开发及管理造成了极大的困难。

二、森林公园的分类

从旅游业发展过程来看，森林公园建设的初始阶段，需要依赖其自身的资源，尤其是自然景观资源。但是随着旅游业的不断发展，开始时的定位会逐渐模糊，从而偏离了自身特色，若不采取应对措施，失败将不可避免。因此，在森林公园开发过程中，通过对森林公园进行分类，围绕明确的景观特征来确定开发主题，有利于突出特色，进行有针对性的开发。中国森林公园的分类系统尚在研究过程中，一些研究者已做了有益的探索，为进一步研究奠定了基础。按照系统分类的原理，可以把森林公园按其景观、性质、功能、大小、组成、等级、区位等各种指标进行不同角度的分类。森林公园以森林为景观基调，融合了其他多种景观类型，但总体上是以自然景观为主，其中地貌景观又以其独特的构景作用和风景区形成的主体作用，在旅游资源中占有相当重要的地位，成为旅游风景区构成中最重要的要素之一。因此，本书在归纳总结前人研究成果的基础上，以突出优势资源为目的，按地貌景观类型，将森林公园初步划分为山岳型、湖泊型、海岛型、沙漠型、火山型、冰川型、洞穴型、瀑布型、温泉型及草原型 10 个基本类型。山岳型森林公园：以奇峰怪石等山体景观为主的森林公园，此类型森林公园在我国最为普遍，如湖南张家界、山东泰山、安徽黄山、陕西太白山、四川二郎山等。湖泊型森林公园：以江河、湖泊等大面积水体景观为主要特征，如浙江千岛湖、河南南湾湖等。海岛型森林公园：以海岸、岛屿风光为主的森林公园，如山东鲁南海滨、福建平潭海岛等。沙漠型森林公园：以沙地、沙漠景观为主的森林公园，如甘肃阳关沙漠、陕西马莲滩等。火山型森林公园：以火山遗迹为主的森林公园，如黑龙江火山口、内蒙古阿尔山等。冰川型森林公园：以冰川与森林镶嵌共生为主要特色的森林公园，如四川海螺沟等。洞穴型森林公园：以溶洞或岩洞型景观为特色的森林公园，如江西灵岩洞、浙江双龙洞等。瀑布型森林公园：以瀑布风光为特色的森林公园，如福建旗山等。温泉型森林公园：以温泉为特色的森林公园，如广西龙胜温泉、海南蓝洋温泉等。草原型森林公园：以草原景观为主的森林公园，如河北木兰围场、内蒙古黄岗梁等。

第二节 生态旅游概述

一、生态旅游的内涵

生态旅游是顺应旅游业的发展趋势衍生出来的新概念，鉴于旅游业快速的发展，人们旅游的需求远超旅游资源的供给，旅游资源的环境日益恶化，在这种背景下，生态旅游应运而生。作为旅游业发展的新概念，"生态旅游"最早于1983年由世界自然保护联盟的顾问提出。"生态旅游"概念一经提出迅速在旅游界、学术界得到推广。国内外学者们从不同角度研究生态旅游，主要从生态旅游的功能价值、生态旅游与传统旅游的联系、生态旅游的保护、生态旅游的制度政策规范发展、生态旅游的可持续发展等角度定义生态旅游，关于生态旅游的学术成果如雨后春笋般出现。生态旅游的研究尚处于初级阶段，不同的学者研究角度不同，定义内涵也不同。国内外学者对生态旅游的定义达100多条，主要有以下三类代表性观点。

（一）注重环境保护

关注点集中于旅游区的保护，突出旅游的目的，未涉及旅游区经济、社会等方面的发展。谢贝洛斯·拉斯喀瑞认为生态旅游是旅游者前往原始态的自然风景区，主要以欣赏自然风景区的景色及各种动植物、学习旅游区文化为目的的旅游活动。麦克尼利（1992）认为生态旅游是旅游者在自然旅游景区，以领略学习景区自然风光、景区文化为主要目的的旅游活动。伊丽莎白·博（1990）提出生态旅游以旅游区自然资源为基础，旅游者前往风景区学习景区风景、文化等特质，自然景区受到旅游者较少的影响，得到较好的保护。刘继生（1997）等提出生态旅游顾名思义指以生态学为指导思想，在学习欣赏景区的自然风光和文化的传统旅游目的基础上，尽可能排除旅游者对自然景区的负面影响，保护自然景区环境的特殊旅游活动。

（二）注重生态与经济、社会、文化等各方面效益

注重生态与经济、社会、文化等各方面效益的学者突出旅游活动与旅游区经济等各方面利益共同发展，认为旅游活动对风景区的发展起积极的促进作用。他们认为生态旅游是旅游者在景区旅游的同时，带动自然景区的经济发展，景区收入提高用以保护自然景区，提高景区当地居住者的生活水平，有效提升对自然景区的保护作用，促进景区生态与经济、社会等各方面协同发展。国际生态旅游协会定义生态旅游为在实现学习欣赏自然风景和文化的传统旅游目的的基础上，保护自然景区，提高景区的经济效益，兼顾景区环境保护和经济、社会各方面发展。张延毅等提出生态旅游是保护旅游地原始资源、动植物的多样性，尽可能减少旅游者对旅游地的环境等各方面影响，为旅游地的居住者创造更多的就业岗位，旅游者对旅游地的生态等各方面负责任的一种旅游活动。

（三）以可持续发展为宗旨

以可持续发展为宗旨的观点注重生态、经济、社会、文化等各方面效益协同发展。大卫·韦弗（2001）提出生态旅游基于自然资源，在向旅游者展示自然风景等旅游特质的同时，也要注重经济、社会、文化、生态方面的可持续发展。卢云亭定义生态旅游为以生态学为基础，保护旅游目的地原始环境和资源，追求社会经济等方面效益的同时注重保护生态环境的旅游和生态方面的活动。

综上所述，本书认为生态旅游是在以学习、欣赏自然景区风景、文化等要素为目的的传统旅游基础上，注重对自然景区的环境和原始居住者的保护，兼顾旅游景区的经济、社会、文化等各方面效益，坚持可持续发展思想的一种旅游活动。

生态旅游内涵主要涵盖可持续发展模式、兼顾环保和经济等各方面效益、旅游者旅游行为方式三个要素。在这三个要素中，可持续发展模式是生态旅游的前提，生态旅游的一切活动要遵循可持续发展理念，主要由政府负责，由旅游地管理者及居民具体落实；兼顾环境保护效益和经济、社会等效益是生态旅游的核心，主要由旅游地管理者负责；旅游者旅游行为方式是生态旅游的基础，也是生态旅游的具体体现，主要由旅游者负责。

生态旅游资源是景区开展生态旅游活动的客观物质载体，是旅游消费者进行生态体验的物质对象。生态旅游资源含义的界定会影响对它的分类、研究以及评价，一个清晰、准确、科学的含义十分重要。当今学术界对生态旅游资源含义的界定尚无定论，比较有代表性的观点主要有"自然型""模糊型"

以及"自然＋人文型"。持"自然型"观点的代表学者汪华斌认为生态旅游资源是以纯自然的以及人工模拟的自然生态系统为主要内容的对象物，开发和利用的目的是要加强对自然资源及环境的保护，促进社区经济快速健康发展。持"模糊型"观点的代表学者杨桂华认为生态旅游资源是指以生态美吸引游客进行观光游览活动，为旅游业所利用，在严格保护的前提下能够产生生态、经济和社会效益的客体。持"自然＋人文型"观点的代表学者张建萍认为生态旅游资源是指以自然或人文生态美吸引旅游者进行生态观光游览活动，在严格保护的前提下能够为生态旅游业所利用，能较好地实现资源环境的优化整合以及物质能量的良性循环，具有较高游览价值及美学价值的生态旅游活动对象物。还有很多专家学者在对旅游资源的研究过程中直接绕开了对生态旅游资源含义的讨论，而是依据资源地的具体情况直接讨论研究。"自然型"观点虽然比较明确地体现了生态旅游资源的自然生态特征，但是它忽略了对历史、文化、民俗等人文因素的考虑，由此界定的生态旅游资源范围过于狭窄。"模糊型"观点未对其含义做出清晰的界定，笼统地认为具有生态美又能为旅游业利用的资源就是生态旅游资源，没能很好地体现出它与传统旅游资源的差别之处。"自然＋人文型"观点相对来说是比较全面的，既能反映出生态旅游资源系统性、和谐性等特征，又能凸显保护的要求。今后我们在对生态旅游资源的含义进行研究讨论时应包含如下要点：第一，作为一种客观存在的资源，它先于生态旅游活动而存在，处于生态旅游活动的客体地位，是生态旅游活动的客观物质载体，是生态旅游者进行旅游实践和认知活动的对象物；第二，其开发和利用的前提是保护；第三，它所具有的生态美学功能使其成为游客的吸引物；第四，它能够被生态旅游业所利用，进而产生可持续的生态效益、经济效益以及社会效益。

二、生态旅游的主要特征

传统旅游主要以欣赏旅游地为目的，而生态旅游是在传统旅游的基础上更注重环境保护与旅游地的经济等各方面协调发展的可持续发展模式。因此，两者在旅游地选择、旅游行为、旅游参与、开发目的等方面存在差异，生态旅游较传统旅游具有以下特征。

（一）生态旅游体验呈现自然性

传统旅游的旅游地主要为大众选择率高的地方，其旅游路线成熟、配套设施完善、安全系数高、旅游地标准化建设完善，旅游者在时间选择上也基本相同，因此传统旅游旅游者密度大，旅游者很难体验到旅游地的自然性和原生态。生态旅游在目的地选择上倾向于具有较多原始自然资源的生态环境，旅游线路相对成熟度不高，旅游地人员数量不多，旅游者在旅游的同时感受到景区的自然性，对旅游内涵的体验较深。

（二）生态旅游开发注重生态保护性

传统旅游在开发时注重经济效益，对旅游资源保护和生态效益考虑得不够，对旅游资源产生不可逆的损坏，导致旅游资源的衰竭，是不可持续性发展。生态旅游注重在旅游开发追求经济效益的同时，保护旅游地的旅游资源和生态环境，兼顾旅游经济效益和生态效益。

（三）生态旅游过程参与性强

传统旅游中旅游者较多接受旅游机构的安排，按照既定的路线，旅游过程中商业气息浓厚，缺乏对旅游地的思考，旅游者对旅游过程的参与度不够；生态旅游更注重对旅游过程的参与，旅游者会主动学习思考旅游地的文化、享受旅游地资源，按照自己的旅游目的主动旅游，在旅游过程中注重自己的旅游行为，保护旅游地资源和环境，获得充分的生态体验。

（四）生态旅游功能侧重点不同

传统旅游满足旅游者欣赏景区的需求，主要注重经济效益，可以在自然资源的基础上进行人工开发。生态旅游资源具有较强的原生性，难以人工再开发，容易受旅游者行为影响，因此生态旅游对前期规划开发、过程管理要求更高，在兼顾生态、经济等各方面效益的基础上，寻求可持续发展模式。

三、生态旅游的功能

生态旅游作为解决传统旅游经济和环境保护平衡的新兴旅游概念，对旅游地生态、经济、社会等方面发挥着引擎带动和促进的功能。

（一）生态功能

生态旅游顺应旅游地保护需求而来，将生态资源和环境保护作为基础，生态自然资源是旅游业的前提，保护自然资源才能持续发展旅游业，因此生态旅游能够保证旅游地的可持续发展，主要体现在以下几个方面：生态旅游可以最大限度降低旅游者对生态资源和环境的破坏，保护生态资源和环境；生态旅游能够号召政府、旅游地管理者、旅游地居民和旅游者等旅游产业相关利益者共同保护生态旅游资源和环境，促进生态旅游可持续发展；生态旅游能够将生态保护的概念传递给生态旅游的相关者，让他们获得生态旅游的相关教育，提高生态旅游的意识并加以传播，让生态旅游发挥更大的作用。

（二）经济功能

生态旅游的经济价值取决于环境和自然资源两个方面。生态旅游具备增值生态资源的作用。原始的自然生态资源区域位置较偏僻，多发挥低级的农业作用，但经科学的规划开发后，创造效益值远超农业用途。生态旅游能够有效调节产业结构。生态旅游地位置偏远，当地经济发展多以农业等产业链末端行业为主，产业结构不合理导致经济效益低下，生态旅游能够在保护当地环境的前提下，优化旅游地产业结构，使由农业为主的产业结构向以旅游业带动的服务业为主的产业结构转变。旅游业发展规划首次作为重点专项规划被写入我国"十三五"规划，旅游产业收入占国内生产总值（GDP）总额超过10%，凸显旅游产业的重要性。生态旅游能够带动相关产业发展，加快经济发展。生态旅游作为旅游业的核心，能够带动交通、旅游、餐饮、住宿、购物等综合性服务行业，旅游业产业链相关行业也会产生大量的经济收入。

（三）社会功能

生态旅游发挥生态和经济价值的同时，也积极带动旅游地的社会进步。生态旅游能够有效提高旅游地居民的收入和提供就业岗位。比如，泰顺县在发展生态旅游的同时主动动员旅游地居民参与建设，旅游地居民从农业转变为餐饮、娱乐、住宿等旅游配套设施的个体经营者，人均收入大幅提升的同时也带动更多人员就业。生态旅游能够促进旅游地公共事业发展，生态旅游需完善旅游地的基础设施建设，推动旅游地社会建设和发展，泰顺县每年都会从生态旅游收入提取部分收入用于旅游地的交通、教育等基础建设，改善旅游地居民的生活设施，提高生活水平。生态旅游能够盘活旅游地社会各个方面，生态旅游由封闭走向外界，必须同步开发当地的交通、餐饮、住宿、文化、娱乐等旅游配套方面，走向市场化，推动旅游地社会发展。

四、生态旅游资源的分类

由于生态旅游资源的含义至今还未有清晰、明确的界定，学术界对其分类也是见仁见智。何平根据人们对生态旅游资源体验及感受形式的不同，将其分为可视的和可感觉的生态旅游资源两类。前者一般是有形的，人们用眼睛就能够观察到，往往给人以美的感受，如波澜的大海、广袤的草原、巍峨的高山等。后者通常是无形的，用眼睛无法察觉，而是通过其他感观或者身体的融入来进行体验，如草木的芬芳、温泉的舒适等。马乃喜依据旅游活动类型的不同，将生态旅游资源分为科学型、探险型、观赏型、狩猎型、保健型、民俗型六类，认为不同生态旅游区具有的生态旅游资源类型通常不同，但是大多生态旅游区的资源都不是单一类型的，而是由多种类型资源综合而成的。卢云亭从生态旅游资源的性质与功能出发，把生态旅游资源看作一个由子系统和主系统两大部分组成的巨型整体结构体系，此体系包含物种多样性、生物美学价值以及自然环境等有形和无形资源，涉及多方面的功能与价值。郭来喜则按照生成机理的不同，把它分为内生型和外生型两大类，前者是指纯天然的生态系统，如湿地、草原、原始森林等；后者是指经过人工干预形成的生态系统，如海洋公园、历史遗迹、民族风情等。

国家发改委和原国家旅游局在其联合印发的《全国生态旅游发展纲要（2016—2025年）》中根据资源本底与生态系统，将生态旅游资源分为山地型、森林型、草原型、湿地型、海洋型、沙漠戈壁型、人文生态型七种类型。这种分类方式涵盖的范围比较广泛，而且清晰明确，有利于对生态旅游资源的分类研究和保护，笔者比较赞同此种分类方式。

五、生态旅游的发展

旅游是一种与整个人类文明史相伴随的活动，而生态旅游作为一种旅游方式、一种旅游产品、一种旅游价值观，是在人类历史长河中逐步显现和明确起来的，从人类与自然关系演化的主线可将生态旅游的发展划分为四个阶段。

（一）原始生态旅游阶段（人类文明之初至18世纪末）

在工业革命以前的漫长年代，一方面由于生产力水平较为低下，人类对自然环境主要存在依赖关系，处于崇拜自然、依附自然和顺应自然的社会心理状态，对环境几乎未产生破坏。古代先民在长期的生产实践中形成了朴素的生态道德观，此外还运用神权、皇权和一些乡规民约强行限制人们对生态环境的影响。另一方面，由于人口较少，加上受交通工具落后和社会经济水平低下等因素的制约，当时只有极少数人有旅行的机会，做长距离旅行的人更是微乎其微。因此，这一时期人类仅有的少数旅游活动对生态环境几乎没有任何威胁，并伴有源于自然崇拜的保护活动，可以称为原始生态旅游阶段。

（二）现代生态旅游起步阶段（18世纪末至19世纪末）

工业革命以后，社会生产力达到了空前的水平，具有现代旅游概念的、有组织的大规模旅游活动开始出现。数量激增、粗放经营、低层次开发是这一时期的旅游业发展的主流。旅游活动及相关的旅游开发对生态环境的威胁和破坏达到了前所未有的广度和深度。正是在这个生态意识十分淡薄的阶段，世界上第一个国家公园——美国黄石国家公园于1872年3月1日建立了，但是在当时的社会背景下，以美国黄石国家公园为代表的生态旅游还是一种非主流的旅游模式。虽然与常规的大众旅游相比，此时的生态旅游只是"星星之火"，但它毕竟已经在世界旅游业的发展中占有了一席之地。

（三）生态旅游快速发展阶段（19世纪末至20世纪末）

在经历了由工业文明所创造的人类社会的空前繁荣之后，人们开始意识到繁荣的代价——资源枯竭、环境污染、众多物种濒临灭绝、大规模的自然灾害频繁发生，甚至部分地区的人类生存已经受到了威胁。生态环境保护问题由少数环境倡导者关心的问题成为国际组织、各国政府乃至全球共同关心的焦点问题。在此背景下，注重生态、保护环境的观念迅速在广大旅游者中建立起来，同时在政府的推动、舆论的督促以及市场的诱导之下，可持续发展的思想也逐渐为越来越多的旅游者所青睐。在世界范围内，生态旅游者的数量、生态旅游的收入都大幅度增长，生态旅游进入了快速发展的阶段。这时，世界旅游业的格局虽然仍以传统大众旅游为主，但生态旅游已经迅速崛起，"星星之火"已经为燎原之势。

（四）生态旅游全面发展阶段（20世纪末至今）

进入新千年后，生态旅游得到了更为广泛的关注。一个重要的事件就是联合国将2002年确定为"国际生态旅游年"，并于2002年5月在加拿大魁北克召开了世界生态旅游峰会。来自世界132个国家的公有、私有及非政府部门的1000多名代表出席这一会议，并达成共识：生态旅游是旅游可持续发展的关键。此次会议发表了《魁北克生态旅游宣言》，就今后生态旅游的发展提出了针对政府、私有部门、非政府组织、学术机构、国际组织、社区和地方组织的一系列建议，围绕主题年还召开了一系列区域性生态旅游研讨、培训活动。我国也在2002年召开了两次重要的生态旅游会议，即中国西部生态旅游论坛会和中国生态旅游论坛会。世界生态旅游峰会的召开，标志着生态旅游进入了一个全面发展的崭新阶段。

六、生态旅游的基本模式

生态旅游作为一种较新的旅游发展模式，与传统旅游模式在发展形态上有着根本的区别（见表1-2）。

表1-2　生态旅游模式与传统旅游模式的比较

项　目	生态旅游模式	传统旅游模式
指导理论	可持续发展理论	资源基础、市场导向理论
目标体系	经济效益和生态效益合理化	经济效益最大化
运作方式	旅游资源本底调查评价与市场分析、旅游环境容量评估、生态旅游产品开发、生态环境动态监管	旅游资源评价市场分析、旅游资源开发与规划
解译系统	形式多样、功能完善	形式单一、功能受损
生态教育	作用明显	无明显作用
受益对象	社区、旅游者、开发商、政府	旅游者、开发商、政府
发展前景	大势所趋、必然方向	阻力重重、亟须转型

随着生态旅游在全球的迅速发展，在世界发展主旋律——可持续发展理论的指导下，生态旅游正逐渐融入大众旅游当中，并成为其中核心的一部分，人们期待着生态旅游的理想模式的诞生。在这种理想模式中，所有的大众旅游、替代性旅游和生态旅游都是可持续性的，只是旅游需求、旅游形式和具体的旅游项目存在不同。

七、生态旅游的责任模式

（一）生态旅游责任模式的提出

早在1965年生态旅游酝酿之初"替代性旅游"被提出时，赫兹就从生态学的系统理论出发，提出了旅游应对自然生态环境和旅游目的地社区负责，即"责任性"旅游的基本理论，它与后来提出的"保护性"理论一起发展成为生态旅游的两大基本理论。目前，以保护环境与资源为主旨的生态旅游保护性理论已经被人们熟悉和广泛接受。但是在这种共识的理念和社会思潮下，生态旅游的发展仍不乏在"保护"的旗帜下以破坏环境为代价，单靠"保护"理论难以真正实现旅游的可持续发展。另外，由于在强调生态旅游发展为旅游目的地负责的最佳参与途径是社区参与旅游时，生态旅游的"责任性"逐渐被"放大"的社区参与旅游理论所淹没、淡化，甚至替代，致使生态旅游的责任性基本理论没能得到公众的足够关注和共识，也没有及时充分地展开理论体系的研究，导致责任性模式未能充分发挥作用。因此，本书尝试在生态旅游开发过程中，从目前应用较少的基本理论——责任性模式来进一步探讨生态旅游的可持续发展通道，以与保护性模式互补。

（二）三种旅游责任模式

旅游责任模式在由传统大众旅游至生态旅游的发展中，主要有以下三种模式，即传统大众旅游单向责任模式、生态旅游单向责任模式和生态旅游双向责任模式。

1. 传统大众旅游单向责任模式

从旅游者与旅游目的地的关系看，传统大众旅游与生态旅游的最大差别就在"责任"二字，即传统大众旅游过分强调旅游者单方面的权益，对旅游者负责，但却忽视了旅游目的地的权益。可以说，传统大众旅游的责任关系是"对旅游者负责"的单向责任模式。这种"对旅游者负责"的单向责任模式是"人类中心论"意识和市场商品经济意识的具体体现。人类中心论认为，在人与自然的关系中，人是主动的，自然是被动的，人与自然的关系以人为中心，自然环境只不过是人类的"资源"。在这种理念下，人类在旅游活动中，对旅游资源仅是利用的权力，而不存在"责任"。另外，旅游作为一种产业，承袭市场商品经济的供求关系，为了获得最大的经济利益，卖方"旅游目的地"将旅游者视为"上帝"，旅游者到旅游目的地，为了得到最佳"经历"的享受，可以我行我素，对旅游目的地毫无责任可言。由此导致传统大众旅游只顾开发者和经营者的权益，而忽视对旅游目的地旅游环境的保护，是对旅游目的地社区不负责任的开发形式。

2. 生态旅游单向责任模式

由于传统大众旅游是只对旅游者负责，对旅游环境的保护并未引起人们的重视，旅游业虽曾被视为"无烟工业"迅速发展，却无形中重蹈着"牺牲环境"的覆辙。由赫兹提出、国际旅游协会赞同的生态旅游的"责任性"，即对旅游目的地应负有责任，极大地解决了环境破坏问题。赫兹提出的生态旅游责任模式是绿色思潮和绿色运动在旅游业中的折射。旅游业中的绿色消费者和开发管理者开始关注旅游活动对旅游目的地的自然生态环境和社区社会经济的不利影响，并行动起来尽量降低不利影响，生态旅游业也采取一系列措施来实现其对旅游目的地的"责任性"。第一，从旅游者方面来看，游客的环境保护意识较高，其在旅游活动中尽量降低对旅游目的地的不利影响，并采取措施进行改善。第二，在旅游开发上，不仅注意对原生态环境和传统文化的保护，还积极进行生态环境建设，改善退化的生态环境，促进传统文化的传承。第三，在旅游经济管理上，将旅游经济效益回馈一部分到旅游目的地的公益事业上，如增加绿化、专修动物活动场所等。第四，在旅游环境管理上，对旅游目的地进行功能分区管理，同时根据旅游环境容量限制游客量。第五，在旅游组织管理上，充分调动旅游目的地社区参与旅游的积极性，尤其是实现旅游脱贫，从根本上提高其保护环境的主动性。生态旅游对旅游目的地的责任性在第五点上体现得最为具体，在全世界均得到推广。

3. 生态旅游双向责任模式

从责任关系上分析上述两种责任模式，传统大众旅游模式过分强调旅游者方面的权益，而赫兹的生态旅游单向模式反过来仅强调对旅游目的地的权益，导致责任模式形成两种"极端"行为。究其根源，在两种责任模式中，旅游者与旅游目的地均不在同一系统中。这样，前一模式在强调旅游者权益之时，肯定就忽视了旅游目的地的权益；反之，后一模式在强调旅游目的地权益之时，又不可避免地忽视了旅游者的权益。在这种情况下，生态旅游对旅游目的地真正而长久的保护效果也是难于实现的。所以，理论上引入"人与自然协调论"。这一理论认为：人是大自然的组成部分，人与自然处于同一生态系统，关系是平等的，在生态旅游者与旅游目的地的责任关系上，将二者置于同一协调的系统中，构建生态旅游的双向责任模式，其内涵和责任细分见图1-1。

图1-1　生态旅游的双向责任模式系统

如图1-1所示，生态旅游者与旅游目的地处于同一个责任系统，生态旅游的责任关系是双向的，即生态旅游既对旅游目的地社区负责，也对生态旅游者负责。这一责任系统分三个责任层次，每个责任层次又可以细分成不同的责任因素。第一个层次是生态旅游对生态旅游者和旅游目的地社区同等责任的关系。第二个层次是生态旅游者和旅游目的地社区各自责任的细分，即生态旅游对旅游目的地社区的环境、经济和社会均应负责任；同时，生态旅游也对生态旅游者的权利和利益负责。第三个层次是第二个层次责任进一步细分而得的责任因素，如生态旅游者应获得欣赏、学习、环境教育等方面的利益，同时享有获得真实信息、旅游安全的权力，旅游目的地社区则在生态旅游过程中，促进文化传承，保护自然与文化环境，降低对环境的影响，促进社区生存与发展等。这些责任因素只是其中较为典型的方面，还有其他因素在生态旅游开发中必须引起注意，随着旅游方式和旅游需求的快速发展，也必将出现新的责任因素。

（三）三种旅游责任模式的比较

将上述三种旅游责任模式进行比较，可以发现，三者在旅游类型、责任关系、权益关系诸多方面存在明显的差异，见表1-3。

表1-3 传统大众旅游与生态旅游责任模式比较

责任模式	旅游类型	责任关系	权益关系
传统大众旅游单向责任模式	传统大众旅游	人类中心论	过分强调旅游者的权益忽视旅游目的地权益
生态旅游单向责任模式	早期生态旅游	生物中心论	强调旅游目的地的权益忽视旅游者的权益
生态旅游双向责任模式	成熟生态旅游	人与自然协调论	同时强调旅游目的地和旅游者的权益

首先，三种旅游责任模式的出现是逐渐演替和完善的过程，当认识到"传统大众旅游单向责任模式"的不足时，赫兹提出了"生态旅游的单向责任模式"；在生态旅游的单向责任模式不能满足发展需求时，便出现生态旅途的双向责任模式为弥补其不足提供理论依据。三种旅游责任模式的生态观也存在逐渐演替和完善的过程，持"人类中心论"与"生物中心论"生态观的责任模式仅是对旅游者或旅游目的地单项负责的责任模式，持"人与自然协调论"生态观的责任模式则对旅游目的地和生态旅游者同时负责，其发展观念更加科学、完善。从三种旅游责任模式的"责任"关系上看，传统大众旅游单向责任模式的责任方向直指旅游者一方；而生态旅游单向责任模式责任方向却直指旅游目的地一方，生态旅游双向责任模式方向则同时指向生态旅游者和旅游目的地双方。从三种旅游责任模式的"权益"关系上看，传统大众旅游单向责任模式过于强调旅游者的权益，忽视旅游目的地的权益；而生态旅游单向责任模式正好相反，强调旅游目的地的权益，忽视了旅游者的权益；生态旅游双向责任模式则同时兼顾生态旅游者和旅游目的地双方权益。综上所述，生态旅游双向责任模式是一种理想的旅游责任模式，是生态旅游发展到成熟阶段的产物。"人与自然的协调发展"是生态旅游追求的理想目标，是实现良性循环和可持续发展的保证。

（四）生态旅游双向责任模式实现的途径

既然生态旅游双向责任模式是实现生态旅游可持续发展的理想模式，如何实现这一理想模式就成为生态旅游发展的关键所在。在生态旅游双向责任模式系统中，存在着两重关系，其一是生态旅游者与旅游目的地的关系，其二是两者的"责权关系"，旅游开发中可采取下列措施实现这两重关系的协调，以保证生态旅游的可持续发展。①对于基本无人居住和生存的自然生态旅游目的地而言，尊重自然的基本权益是对自然生态旅游目的地负责的途径。对于自然生态系统，在生态旅游开发利用时，根据"人与自然协调论"的生态道德观，人类必须尊重其生存和发展的基本权益，保护生态旅游系统的完整性，即对自然生态旅游目的地负责的唯一途径就是承认并尊重生态系统存在和发展的基本权益。②对于有人居住和生存的社区生态系统开发形成的社区生态旅游目的地，社区参与是实现对生态旅游目的地负责的最佳途径。社区生态旅游目的地由自然生态系统、社会文化系统和经济系统三个部分组成，旅游者除了与自然生态系统有关系外，更为重要的是与当地社区居民有关系，而这些居民经过千百年与其生存环境的融合，已与当地环境融为一体。因此，生态旅游除了对社区的自然生态环境负责外，还要对社区的经济增长、文化传承负责，实现这种责任关系的最佳途径就是社区参与，调动旅游者与社区居民的积极性。③维护生态旅游者的权益是对生态旅游者负责的途径。生态旅游者的权益有两个方面需要维护：一是维护旅游者的基本权益。《海牙旅游宣言》指出：旅游者的安全和保护及对他们人格的尊重是发展旅游业的先决条件，各国应根据其法律制度的不同程序，建立一套保护旅游者的法律规定。二是维护生态旅游者的旅游权益。从旅游者的需求来分析，生态旅游者不仅有欣赏旅游目的地的自然风光和体验当地传统文化的大众性旅游需求，还有学习、获得环境教育和感悟的深层次旅游需求。因此，在生态旅游开发和管理中，应设计相应的旅游产品来满足生态旅游者的需求。

八、中国特色的生态旅游

受生态旅游发展程度、各国文化传统和各地区区域背景的差异等因素的影响，中西方对生态旅游的具体认识也存在不同，中国的生态旅游具有自己的独特之处。国外生态旅游主要定位在"自然与原始"的概念上，包括三类地域：保存较为完整的自然生态系统，主要是受国家法律保护的国家公园和各类自然保护区；原始的自然生态系统，指人烟稀少的原始自然区域；社会发展较为迟缓的"原始"社区。由于与国外生态旅游发展的背景不同，中国生态旅游形成了独有的特色。中国历史文化悠久，经过上千年的特有文化熏染，自然与人文融为一体，构筑了"天人合一"源远流长的生态旅游核心思想。中国的道家和儒家都崇尚"天人合一"的境界，"天人合一"缘起于人与自然的原始亲和关系。道家的"天人合一"是建立在自然无为基础上的人与自然关系的和谐。儒家也认为人是大自然的一部分，是自然秩序中的一个存在，自然本身是一个生命体，所有的存在相互依存而成为一个整体。儒家把人类社会放在整个大生态环境中加以考虑，强调人与自然环境息息相通，和谐一体。孔子认为："大哉！尧之为君也！巍巍乎，唯天为大，唯尧则之。"（《论语•泰伯》）。他肯定了"天之可则"，即肯定了自然的法则，人与自然具有统一性。这些思想都把人与自然的发展变化视为相互联系、和谐、平衡的运动，把天、地、人三者放在一个大系统中做整体的把握，强调天人的和谐，即人与自然的协调、和谐。因此，中国的生态旅游不仅局限于自然景观，还包括文化景观与文化环境。倡导热爱自然、热爱生命、追求天地万物相和谐的"天人合一"的环境观，反映了我国古代人与自然的关系，对于生态旅游尤其具有积极的现实价值，是中国特色的生态旅游主旨所在。与众多历史遗迹和人文景观相辉映、具有鲜明特色的森林资源的开发建设与保护管理体系，是具有中国特色的生态旅游的组成要素之一。

第二章 森林公园生态旅游开发相关概述

第一节 森林公园生态旅游的开发原则与开发程序

一、森林公园生态旅游开发原则

为处理好森林公园旅游开发与自然资源、生态环境、社会文化保护的关系，实现对生态旅游目的地和生态旅游者双向负责的目的，有必要确定其生态旅游产业发展的原则，体现对森林公园旅游目的地及生态旅游者双向负责的思想，以此作为旅游开发统筹运作的依据。森林公园开展生态旅游是实现森林公园可持续发展的重要手段。衡量生态旅游开发成功的最主要标准也应该是多层次的可持续发展价值的实现，即维持生态环境的平衡性，提高经济、社会和文化之间的协调性，保持经济效益的可持续获得性等。在资源开发和利用上要以保护为前提，旅游经营者要处理好经济效益、社会效益和环境效益之间的关系，形成保护生物多样性及其生存环境、保持特有文化氛围的意识和行为方式，使生态旅游环境得到有效保护。

（一）因地制宜适度开发原则

森林公园特殊的旅游资源条件、生态环境状况，使得旅游资源具有较强的生态敏感性、干扰抗逆性和环境脆弱性，所以在生态旅游开发时应因地制宜、适度开发。本着森林公园积极开发生态旅游的思想，在自然生态调查的基础上，坚持生态安全原则，确定不同旅游开发等级，从而为森林公园的生态旅游开发提供科学依据和基础资料。

（二）社区发展有利原则

生态旅游开发既要为森林公园的建设和资源的保护筹集资金，也要给当地居民创造就业机会，使当地居民在经济上受益，实现旅游扶贫的目的，从而提高地方参与旅游开发、自觉保护生态环境的积极性，减少和杜绝屡禁不止的滥砍滥伐现象，这在一定程度上也是我国生态旅游"天人合一"特色的表现。因此，旅游开发要同地方经济发展结合起来，坚持社区共建的原则，吸引当地居民主动参与景点、景区建设。

（三）生态审美与生态教育并重原则

生态旅游主张"无为"和"倾听"，尊重自然的异质性，是森林公园开展生态旅游的魅力所在。因此，要遵循森林公园自然生态演替机制和人类的生态审美情趣进行生态旅游开发设计，突出强调与自然的和谐美，以实现人与自然和谐共生。此外，教育功能是生态旅游开发的一个重要功能，无论从对资源和环境保护的角度还是从生态旅游者对自我实现的需求上来说，以教育、研究为主的旅游行为是生态旅游的重要功能之一，只有这样才能使资源保护成为一种自觉行为，顺利实现旅游地保护环境、发展旅游、维系当地人生活的目的。

（四）旅游参与性原则

当今的旅游者越来越追求旅游活动的亲身参与而不是从旁观赏，在生态旅游产品及项目的开发中，应注重留有让旅游者自主参与的余地，使旅游者改变在常规旅游中进行旅游资源保护时的心理被动性。旅游参与性越强，带来的体验就越生动，而回归自然的愉悦，更加强了游客在欣赏自然、人文风光时保护旅游资源的主动性。

二、森林公园生态旅游开发程序

多数人对旅游开发的传统认识仅限于狭义的旅游区的建设。开发过程中旅游规划、建设及经营管理是分离的，这种分离使开发中提出的保护问题难以在全面经营管理中落实，导致出现一系列危害生物多样性、破坏环境等问题。因此，要对森林公园的资源和环境进行有效的保护，促进森林公园的可持续发展，就必须把开发程序广义化，即生态旅游开发应由制定生态旅游规划、建设生态旅游项目、完善生态旅游管理、实施责任模式反馈四个环节组成，四个环节间形成环状结构，并且将生态旅游的责任模式贯穿其中，最终通过责任模式进行生态旅游开发效果的反馈（见图2-1），即森林公园生态旅游的开发应该是一种循环开发的程序。

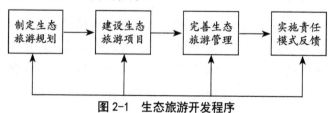

图 2-1　生态旅游开发程序

这种"规划—建设—管理"一体化的森林公园开发模式，通过生态旅游双向责任模式的反馈优化职能，构成了螺旋上升式的循环发展构架，从而形成了森林公园生态旅游开发相对较为完整的理论体系，对于促进森林公园生态旅游的可持续发展更具有可操作性。

第二节　森林公园开发基础

一、森林公园环境条件研究

通过实地踏勘、访谈、参考查阅有关资料，从生态旅游开发的角度对森林公园旅游开发的基础环境条件加以分析，分析过程中要注重与生态旅游开发的利弊进行联系。主要从下列诸方面着手。

首先是森林公园的区位条件。区位条件在一定程度上决定了森林公园的环境背景与开发条件，影响森林公园的经济、文化、环境等诸方面的发展。地理区位、交通区位、经济区位及旅游区位较为优越的地区，通常旅游开发所需的基础服务设施、资金、客源等也较为充足，为旅游开发奠定了基础。区位条件较差的旅游地，通常旅游资源破坏较少，但需要积极融入有影响力的交通网络、旅游圈层当中，以提升自身优势。

其次是自然环境条件，包括地质地貌条件、气候条件、水文条件和生物环境。值得指出的是，生物环境是生态旅游的生物界背景，这是森林公园生态旅游的重点与基础支撑，也是区别于一般大众旅游目的地的环境条件之一。

再次是社会环境条件，包括人口环境、经济环境、聚落环境和文化环境四个方面，作为与市场结合越来越紧密的旅游业，有必要加强此方面的分析研究。

①人口环境。人口环境是指影响生态旅游保护性开发的人口条件，是社会环境中最基础的组成部分之一。森林公园的人口数量和经营活动的方式是影响生态旅游开发和环境保护的主要方面。人口稀疏的森林公园保持自然状态的程度高，但旅游接待能力有限，人口素质偏低；而人口密集区，通常资源破坏较为严重，加深了生态旅游开发的难度。

②经济环境。生态旅游开发的力度、旅游接待能力等与所在地的社会经济发展水平有密切联系。

③聚落环境。为了保护森林公园内的资源环境，生态旅游开发应借鉴自然保护区"区内旅游，区外服务"的生态保护做法，即依托周边中心城市或中心镇，完善旅游"食、住、行、游、购、娱"六要素，促进社区第三产业

的发展，实现扶贫旅游开发战略，以此拓展森林公园生态旅游地的空间范围。

④文化环境。深入研究森林公园生态旅游资源，赋予生态旅游以文化内涵，提升生态旅游的品位，是设计生态旅游产品的基础条件，对生态旅游开发具有科学的指导价值。

二、森林公园生态旅游资源的调查与评价

从一定意义上讲，生态旅游资源的可持续利用，是森林公园生态旅游永续发展的根本保证，是实现森林公园生态旅游开发的根本目标之一。因此，必须在环境条件研究的基础上对森林公园内的生态旅游资源进行科学系统的分类、普查，以及实事求是的综合评价，探讨其开发利用价值与外部条件，为合理开发利用与保护生态旅游资源提供科学依据和基础数据，防止盲目的、破坏性的开发。

（一）森林公园生态旅游资源

森林公园生态旅游的发生以森林生态旅游资源的吸引力为前提。目前不同学者对森林公园生态旅游资源的理解不同。大多数学者认为森林公园生态旅游资源是刺激旅游活动发生的森林景观，也有的认为是对旅游者具有吸引力的森林存在及其环境。总的来说，森林公园生态旅游资源应具有以下特征：一是具有诱发或刺激旅游客流产生的重要森林物质因素；二是具有一定的市场导向，针对不同森林特质的旅游产品而存在；三是随着社会需求的变化，其价值也有动态变化；四是具有区域性森林公园生态旅游资源意义。因此，森林公园生态旅游资源可以被理解为森林和环境具有满足旅游者观光、游览、度假或其他特殊旅游的效用，为森林公园生态旅游业开发利用并产生经济、社会和环境三大效益的各种森林类型和环境因素。

（二）森林公园生态旅游资源分类

合理的分类是科学评价的前提。由于对"生态旅游资源"这一概念，不同学者的认识不同，分类依据不同，其分类系统也多种多样。本书依据原国家旅游局推出的中国旅游资源普查分类系统，综合考虑不同学者对资源分类的看法，根据森林公园的性质和特点，建立森林公园生态旅游资源的分类方案，见表2-1。

表 2-1　森林公园旅游资源分类

系　统	类　型	基本类型
自然生态旅游景观	自然生态景观资源	风景观光资源（包括森林、竹木、花卉等植物）、古树古木资源、观光地景、水景、冰雪日照等气象景观
	自然生态健身资源	优质空气资源、优质水资源、疗效矿泉资源、生物有益分泌物资源、反季节气候资源、体育环境资源、野营地
	生物物种多样性资源	植物多样性资源、动物多样性资源、珍稀生物品种资源、生物多样性种群、孑遗生物资源
	生态环境多样性资源	山水生态环境资源组合、峰谷生态环境组合、地质环境多样性组合、植被垂直带变化、山海生态环境组合
人文生态旅游资源	生态农业资源	观光农业资源（无污染农田、菜园、花园、食用菌园等）、畜牧业资源（无污染牧场、畜舍、禽舍）、林业资源（竹类观赏园、珍稀植物园、园林观赏园等）、渔业资源（无污染渔场）、土特产产品、无污染手工作坊
	生态文化资源	宗教文化、历史文化遗产、文化纪念地、民俗风情、民间艺术、古聚落、古居民、传统社区

（三）森林公园生态旅游资源评价

对森林公园生态旅游资源进行比较优势分析与特色评价，有利于分析旅游地的独特性，有效发挥自身优势，树立具有吸引力的旅游形象，避免其他旅游地的形象遮蔽，这是确定森林公园生态旅游开发度与保护度的基本依据。旅游资源评价方法分为定性评价与定量评价法，定性评价主要是对生态旅游资源的美学观赏价值、景点可游览度和风景质量等级等方面进行评价。

第三节　森林公园旅游承载力

从旅游业诞生之日起，旅游影响也就产生了。正如卢卡斯（1976）所指出的："影响"（Impact）是一个不确定性质的名词。当与生态结合时，可解释为：客观描述旅游使用对环境的影响。这种影响既存在正面作用，也有负面作用。增加旅游活动的正面影响，减少负面作用，是实现生态旅游双向责任模式中降低对环境的影响，实现对旅游目的地的环境保护及社会文化保护、传承的重要手段，从而提高社区居民生存条件与经济发展水平。

一、森林公园旅游活动干扰研究

旅游活动对森林公园的影响表现在自然环境影响和社会文化影响两个方面。目前生态旅游开发中研究较为广泛的是生态环境容量的计算，使旅游者的数量控制在自然承载力范围内，在一定程度上减轻旅游活动对自然环境的消极影响。另外，对社会文化的影响也有一定的研究，但极少实现量化，一些避免旅游影响的措施也未取得明显效果。在此重点研究旅游活动的消极影响，并做出量化分析，力图提出有针对性的措施。

（一）旅游活动对自然环境的影响

"所有的旅游活动都干扰自然活动，虽然各种活动的影响程度不同，但对土壤、植被、野生动物和水质都可能产生潜在的影响……有些活动甚至可能影响了地质和空气的基本性质。"旅游活动对自然环境的影响有积极与消极两个方面。积极影响是推动了自然环境的保护和好转，旅游产生的经济效益为自然环境保护提供了资金保障，旅游的发展促使旅游地生态环境有所改善。消极影响是它破坏了自然环境，并使之恶化，主要表现在以下几方面。①旅游活动极易产生大气污染、水污染、噪声污染、视觉污染、固体废弃物污染等环境污染。②旅游者对植被的践踏、采集、燃烧、刻画等，严重破坏了植物的生长环境。③旅游活动对森林土壤的最显著影响是把土壤板结紧实，会降低土壤肥力，增加径流并引起水土流失。④旅游活动对野生动物的影响，除了直接的猎杀和无意识的侵扰外，更严重的是改变或破坏了动物原有的栖息环境。

（二）旅游活动对社会环境的影响

旅游活动对旅游地社会文化的积极影响表现在：有助于提高当地居民的文化素质和思想水平，改变旅游地的社会文化风貌和居民的社会心态、文化观念；有助于区域间的文化交流，促进区域间的相互了解，树立旅游地社区的良好形象；有助于旅游地传统文艺的复兴和当地居民文化自豪感的加强和巩固；有助于推动当地科学技术的发展和居民生活环境的改善。

尽管旅游者与旅游地之间的交流和影响是相互的，但事实上，旅游者对旅游地社会的影响远大于他们所接收的旅游地影响。旅游活动对旅游地社会文化的消极影响表现在以下几方面。

①旅游者不良的"示范效应"。旅游地居民通过对旅游者行为的观察，逐渐在思想上发生消极变化，他们开始对自己传统的生活方式感到厌倦，继而在服饰、娱乐、建筑等形式上与外界趋同，当地的旅游文化价值逐渐被削弱、同化。

②异地文化的进入，不可避免地对旅游地文化产生冲击，并有可能导致当地民俗风情价值的丧失。

③受外来思想的冲击，当地居民的传统道德观念、价值取向发生了变化，淳朴民风丢失。

④在旅游接待能力有限的情况下，外来游客的大量涌入极有可能干扰当地居民的正常生活，从而造成旅游者与当地居民间人际关系的紧张。

二、旅游承载力的应用

为降低旅游活动对旅游地的消极影响，引入旅游承载力的概念。它是指在旅游开发与发展过程中，在保证旅游可持续发展的前提下，旅游地设施用地、旅游地生态环境等方面所承受的最大游客量或旅游活动强度。旅游承载力（旅游环境容量）这一概念最早由拉佩奇在1963年首次提出，国内对其研究始于20世纪80年代初，但至今尚未形成统一的概念体系，图2-2为旅游承载力的系统构成。

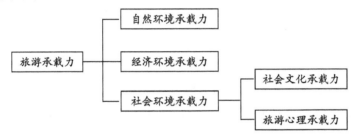

图2-2 旅游承载力系统构成

本书主要对自然环境承载力和社会环境承载力进行介绍。

（一）自然环境承载力

为削弱旅游活动对自然环境的影响，需要对森林公园的自然承载容量进行研究，并建立生态环境检测体系。旅游界对于自然环境承载力（生态环境容量）的研究较多，本书认为生态环境容量应更强调生态旅游资源与生态的完整性、文化的连续性以及发展质量的持续性，比传统旅游容量具有更深、更严格的内涵。目前常用的测算方法有线路法、面积法和瓶颈法，其研究已较为成熟，并广泛应用到旅游开发与规划实践当中。

为有效保护自然环境，应建立生态环境检测体系，生态保护措施是否成功最终需要通过环境质量指标来检验。应该建立大气质量、土壤质量、水质等有关指标的检测档案，并确定一个警戒值，一旦超过警戒值就必须采取控制措施。在获得自然承载力与相关环境质量指标后，就可以依据这些数值，通过限制游人量或调节景点开放时间等措施来避免资源的过度使用。

（二）社会环境承载力

要保证旅游地社会文化资源的可持续发展，除提高接待地区管理能力外，一个重要的因素就是旅游地的社会承载力，目前对此方面的量化研究和应用较少。下面对社会承载力进行概要分析。

1. 主要限制因素

旅游地社会承载力是一个十分复杂的综合体，很难以固定的格式来衡量，可以通过民意调查、问卷调查等方式综合分析出一定的数据或者设定几个反映社会文化和心理特征的指标，以反映社会承载力的大小。社会承载力的主要限制因素及其作用如下：

①旅游地的民族性和地方性决定了一个社区不同于其他社区；

②外来旅游文化与本土文化的差异程度也影响了当地的社会承载力；

③居民生活区与旅游景点的关联度使得一个社区不同于另一个社区；

④某些类型的旅游项目需要比其他类型的项目有更高的旅游密度；

⑤社会文化因子与社会心理因子多属于模糊概念，难以量化；

⑥社会承载力还受旅游地开发规模和管理技巧的影响。

2. 旅游密度指数测量方法

VDI= 游客人数 / 当地居民人数

游客密度人数（VDI）即游客人数与当地居民人数的比值（也称游居比）。这一比值随着不同区域而有所差异，旅游开发时间长、旅游产业化程度高的地域，居民所能承受的 VDI 就大；文化差异（包括信仰、习俗、生活理念等）越大的地域，旅游冲击力越大，居民所能承受的 VDI 就越小。

三、生态旅游形象定位

（一）旅游形象定位概述

特色是旅游的生命，旅游形象的设计过程就是要构建最富个性化的识别系统，展示旅游目的地的独特吸引力，引领游客对旅游对象的本体认知，传播凝练生动的有效信息。这是对旅游地资源特色的高度概括与提升，可以使旅游者耳目一新并产生到实地一睹为快或探其究竟的旅游冲动。目前旅游形象的设计通常采用以下手法。

1. 静态描述与动态表述的结合

传统旅游形象定位，通常用白描手法，或者以简单达意的词汇对资源特色或城市特质进行描述，而动态表达则常用动词、语态的不同来表达一个旅游地或城市的形象，二者并没有优劣之分，在形象推广上可以互相结合运用。

中国的旅游形象定位惯用静态的描述，如"彩云之南""中国酷（cool）省"等，而国外的城市和区域形象更倾向于使用动感十足的口号营销，如"我爱纽约""百分百的新西兰"等。

2. 弱化具象思维与抽象理解的差异

具象思维朴实而简洁，抽象理解跳跃而灵动。前者强于对旅游目的地资源和历史的梳理，后者则善于对文化、语言、时尚、理念进行表达。

3. 加强资源导向与市场反馈的互补

以资源为导向是旅游形象定位的基础，但是否能够激起市场的反馈，决定了形象定位的成败。此种方法即是通过整体的资源、品牌、文化以及市场等多项要素的整合与解析，形成旅游形象的理念。

4. 实现旅游者的心理诉求与情感认同

形象定位的目的是为了吸引受众的注意力。因此，旅游形象的定位要充分关注旅游者的心理诉求和情感认同，使旅游形象能够吸引旅游者的好奇心，或具有引起其探究和遐想的魅力。

（二）生态旅游形象定位分析要素

旅游形象定位一定要建立在对旅游资源结构、配置、优势深刻认识的基础上，全面掌握旅游地的地脉与文脉特色以及旅游需求趋向和客源市场变化，从而突出特色，发挥优势，起到良好的宣传作用。对生态旅游地进行形象定位，应能够突出生态环境保护、实现旅游地的可持续发展等作用，能够满足生态旅游者的需求理念。从地脉、文脉、人脉三个方面对旅游地的资源进行分析，是生态旅游形象定位必须考虑的基本因素。

地脉可以说是旅游地的表情和体魄。形象定位的实质内容必须来源于地方独特性，只有充分挖掘和深刻分析旅游地的地域背景、生物环境，发现和提取地方性的元素并将其充实到主题口号中去，才能避免过于空泛。

文脉是旅游地的灵魂所在。任何旅游地的发展都有其特定的文化背景，即使是以自然景观为主的生态旅游目的地，也受大范围的文化差异影响。这种潜在的历史、文化渊源，构成了旅游地持续发展的文化资源特性与精神支撑。

人脉即针对的目标市场。它是旅游形象定位的焦点所在，反映在生态旅游当中，即对生态旅游者的客源地、旅游心理需求与偏好的研究，形象定位的语言应紧扣时代特征，反映旅游需求的热点、主流和趋势。

四、森林公园生态旅游功能分区

为了避免旅游活动对旅游区造成破坏，达到生态旅游和资源保护的双重目的，对生态旅游地应采取功能分区管理。生态旅游区的空间结构模式普遍被认为是同心圆模式。这个模式由美国景观建筑师理查德·福斯特于1973年提出，并被国际自然保护联盟认可。

简单的分区模式有三个圈层：核心层为重点保护区，中间层为一般游憩区，外层为社会和旅游服务业所在地。三个圈层的分区模式已被广泛应用于美国、加拿大等国的国家公园，这种功能分区能够起到分流游人，保护旅游资源和生态环境的作用，使旅游地、旅游者的相关利益都能够得到体现，在森林公园的生态旅游开发当中同样具有极大的指导作用，如图2-3所示。

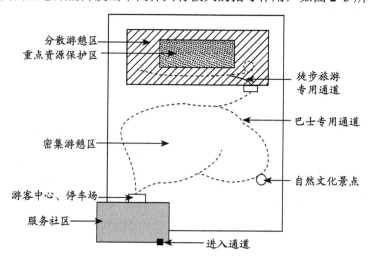

图2-3　国家公园旅游功能分区模式

图2-3中，重点资源保护区一般要实行全封闭保护，生态旅游者也不能进入，只允许进行专业的科考研究工作。分散游憩区是少量游客游览的地区，只允许步行者或独木舟等简单的交通工具进入，对游客的规模有严格的控制，同时为游客创造良好的生态环境，保证其融入自然的体验。密集游憩区是生态旅游地游人集中活动的区域，不允许私人汽车进入，只允许无污染的公共交通工具，如绿色观光巴士进入。服务社区主要由森林公园内的社区居民经营，贯彻落实社区参与生态旅游开发原则，为游客提供食宿、娱乐购物、停车、邮电等服务，各类交通工具可以方便到达。

五、森林公园生态旅游产品开发

（一）森林旅游产品

从旅游供给角度来看，广义的旅游产品是指旅游供给方为了满足游客需要而向游客提供的集食、住、行、游、购、娱为一体的各种旅游活动接待条件和相关服务的总和，即由饮食与住宿业、交通服务业、娱乐业、旅行社业等各个行业提供的单项旅游产品的总和。本书所论及的森林旅游产品是指在森林公园内依托森林旅游资源或森林旅游环境开发的，能够满足游客某种森林旅游需求的单项旅游产品，该单项旅游产品是构成游客购买整体旅游产品的一个最重要的环节。

（二）森林公园生态旅游产品开发类型

森林公园生态旅游产品开发，是实现生态旅游的载体（生态旅游资源）向生态旅游的内涵（人与自然和谐相处）转化的必要途径和有效方式。

森林公园生态旅游产品与其他旅游产品相比，更加依赖于生态旅游资源的自然性，增加了生态旅游者的参与性，并使旅游者在旅游活动中获得了生态知识和环境教育。生态旅游产品具有开发成本高、附加值大的特点，同时要求有较高的教育功能，这是今后森林公园旅游产品开发的重点所在。生态旅游产品开发以生态旅游资源特色为基础，强调旅游者与旅游资源双方受益的原则，可以在森林公园内开发如下类型的生态旅游产品。

1. 森林生态观光旅游产品

森林生态观光旅游产品主要是以游览和观赏自然风光、动物行迹、文物古迹为主要内容的旅游产品，是森林公园旅游产品中开发最早、最为普及的产品形式。对生态观光型旅游产品开发的重点应是增加其生态文化内涵，突出特色，推出精品，延长生命周期。其中，自然观光型旅游产品除自然美景外，还应增加其形成演化历史，让游客在游览中既获得美学欣赏，又获得新的知识，增加旅游情趣。对于人文观光型旅游产品，应深刻挖掘其文化内涵，包括历史记载和传说故事，增强旅游吸引力。在完善传统产品的同时，还应注重不断增加生态内涵，开发新颖奇特的生态观光新产品。

2. 森林文化风情旅游产品

居住于森林公园内的居民，在独特的环境中往往形成了与外界不同的民风民俗，可以由此开发独具特色的民俗旅游产品，保持服饰、饮食、手工艺品等传统特色，以及原汁原味的生活方式，避免出现由于外界影响而改变原有特色风貌的现象。还可推出"当一天林中人"等与自然亲密接触的"深生态"生活方式的旅游产品，吸引游客参与其中。

27

3. 森林休闲度假旅游产品

森林公园有别于其他旅游地的显著之处在于其良好的生态环境具有健身、度假、疗养、保健等多种功能，具有陶冶情操、消除疲劳、调节情绪、振奋精神、维护心理健康等功能。可以开展适合年轻人的森林球类、森林野营、狩猎活动，以及适合中老年人的森林浴、森林休憩养生等活动，开发满足不同年龄层次游客需求的运动型、休闲型、疗养型旅游产品。

4. 森林湿地生态旅游产品

当前湿地旅游已经成为国际上最流行的旅游方式之一，因此加大湿地旅游产品的开发力度，可发展湿地观光、珍稀野生动植物考察，如观鸟和其他动物考察活动，以及游艇、划船、垂钓等水上观光娱乐项目。

5. 森林科普教育旅游产品

森林公园是生物学科、地理环境学科和农林学科的研究基地，可开发以了解、考察生态环境保护为目的而进行的高层次、专业化旅游产品。森林公园同时也是进行科普教育的基地，其本身就是一个内容丰富、景象万千的自然博物馆，可将旅游与教育紧密结合起来，开发科普教育旅游产品，融教育于游乐之中。

6. 森林狩猎、采摘旅游产品

孙根年（1998）在调查各类旅游区开发及人类旅游活动环境影响的基础上，指出森林旅游产品发展趋势应逐步从观光类产品转向科普类、捕猎类等产品。由于狩猎旅游产品、采物旅游产品等对环境有较大影响，在生态旅游产品开发中，只能通过人工养殖动物开展狩猎活动，保证动物在生态环境中生存的权力。

7. 专项旅游产品

游客对旅游的需求是多方面的，有的人讲究安全舒适，有的人渴望尝试、参与、探险，追求生命的体验。森林公园大多具有特殊的地形地貌特征、水文条件，可以开展探险、攀岩、溜索、冲浪、溯溪等特种旅游，以及戏水、垂钓等户外运动。

（三）森林公园生态旅游项目开发

现阶段我国森林公园生态旅游的游憩项目可以分为典型类和一般游憩类两种。典型类森林生态旅游项目有森林野营、野餐、森林浴、林中骑马、徒步野游、绿色夏令营、自然科普教育、钓鱼、野生动物观赏、森林风景欣赏等。一般森林游憩项目有划船、游泳、自行车越野、爬山、儿童游戏等。对于各项森林公园生态旅游项目，游客的喜好程度不同，从目前需求状况来看，自然与特殊景观观赏、摄影和登山运动等原始生态旅游仍然是大多数游客在森林公园中倾向于选择的旅游活动，而骑马、滑雪、狩猎等参与性、体验性较强的旅游活动仅占有极小的比例，但是发展空间巨大，可以此作为森林公园生态旅游项目开发的依据之一。游客在森林公园从事生态旅游活动分析见表2-2。

表2-2　游客在森林公园从事生态旅游活动分析

项　目	百分比（%）	项　目	百分比（%）	项　目	百分比（%）
观赏风景	70.3	野营	16.9	观赏特殊工程	9.1
照相、摄影	56.9	购置纪念品	16.4	划船	8.8
观赏特殊景观	44.8	研究自然	16.3	游泳	7.8
登山健行	44.2	标本采集	14.9	参加解说活动	4.1
散步	43.2	温泉浴	11.3	骑单车	2.8
静坐休息	41.7	攀岩	11.0	骑马	2.5
野餐	32.0	钓鱼	10.8	溜冰	1.9
团体活动	23.3	观赏历史古迹	10.2	滑雪	1.7
个别活动	17.6	营火会	9.8	狩猎	1.4
观赏野生动物	17.2	绘画写作	9.6	其他	0.9

（四）优化森林公园旅游产品的基本策略

我国森林公园旅游产品已经形成了以生态观光产品为主，休闲度假、宗教朝拜产品为辅，其他各种类型旅游产品初步开发的旅游产品结构体系，但仍存在几类主要旅游产品比重过大，产品结构过于单一等问题。由于森林公园旅游产品过多地依赖于森林资源和自然景观，在产品开发中往往表现出明显的观光旅游产品的地区分布和时间分布的不均衡性，在一定程度上限制了森林公园的稳定、持续发展。另外，现代旅游者旅游需求的多样化和个性化倾向，决定了森林公园旅游产品走向多元化和非观光旅游产品占主体的发展趋势。因此，有必要对森林公园旅游产品的结构进行优化，以适应旅游需求形式的变化。优化的思路和措施如下。

①加强旅游产品多元化，大力发展非观光旅游产品。首先，要打破传统的结构单一的旅游产品体系，在发展较为成熟的观光旅游产品的基础上，大力发展度假旅游、商务会议旅游、体育旅游等非观光旅游产品。这样不仅可以满足旅游需求，解决旅游市场上供求不协调的矛盾问题，还可以促进旅游产品的升级换代，减少产品对资源的依赖性，延长旅游产品的生命周期。另外，针对国内市场的不同消费档次和消费倾向，提供不同档次和价位的旅游产品，才能更好地为旅游者服务，提高游客对旅游产品的感知质量。

②实现旅游产品的动态化，提高可参与性。旅游者在传统的森林公园旅游当中，通常是被动和观望的角色，尤其是初级化的静态观光旅游产品占有很大比重，难以对游客内心形成震撼与影响，生态旅游者的环保意识也就失去了主动性。因此，提高旅游产品的参与性是非常必要的。

③促进旅游产品的高级化，逐步实现初级旅游产品升级。首先要对旅游产品进行精心包装，提高旅游产品的附加值。根据资源优势和市场特征，为旅游产品确立鲜明、独特的主题，塑造在一定地域范围内区别于其他旅游地或旅游景点的主体旅游产品。其次，旅游产品的设计和内容编排要有新思路。不同类型的旅游产品要根据需求特征和自身特点，开发具有独特内容的旅游产品；同一类型或同种旅游产品，则要使旅游产品的组合和选择更加自由化和多样化。

④推进旅游产品的区域化，塑造区域旅游特色。在旅游产品的开发和投放上，要因地制宜、协调开发，避免旅游产品的重复建设和雷同，改变目前粗放无序的状态。同时在区域旅游产品的特色打造上下功夫，树立"大生态旅游产品"的观念，打造具有区域特色的旅游产品和旅游主题，在小的区域内则塑造具有地方特色的主体旅游产品，从而构成区域间旅游产品各具特色、区域内旅游产品互有差异的格局，围绕某种特色旅游产品共同开发，实现大区域的"资源共享"与"市场共享"。

（五）森林公园生态旅游管理

生态环境与旅游经济之间的矛盾是森林公园生态旅游开发的根本障碍之一，具体体现在森林公园生态旅游资源开发中存在的一些外部不经济问题，如分散的管理机制的障碍，低素质人口的障碍以及高利益、高消费、高增长、高污染的粗放开发方式的观念障碍等，从而使一些森林公园存在管理混乱，资源和环境遭受破坏甚至不可控制的局面。按照生态旅游开发原则，同时顾及生态环境与旅游经济两个方面的可持续发展需求，采取科学、有效的生态旅游管理措施，是森林公园真正实现生态旅游发展的根本保障。

1. 旅游组织机构与管理规划

（1）管理机构设置与层次化管理

为确保生态旅游规划的贯彻执行，真正达到"人与自然协调论"中人与自然的平等、和谐相处，首先应建立有力的管理机构，明确管理思路。开发中应坚持"管理执法一个主体，开发经营一个业主"的新体制，按照旅游资源所有权、管理权与项目特许经营权三权分离的原则，进行森林公园的管理。为此设立三个层次的管理机构。

第一层次，森林公园管理处。这是政府的派出机构，全面负责对森林公园的资源、环境、街区、景点、交通等的管理，有投资的建议权、日常宏观管理权。

第二层次，开发经营层。这是开发经营层面，即森林公园旅游开发经营者，直接负责森林公园开发经营，有日常管理权、奖罚权。

第三层次，作业层。这一层次由森林公园旅游开发经营者统一管理，负责景区内与景区周边区域的交通、绿化、保洁、消防、维修。

（2）关键点管理

关键点管理可以分为地域上与时间上的关键点两种。

地域上的关键点指广场、停车场、宗教场所、休闲场所、桥梁等人流量大的地方，应配齐专人进行管理，加大管理力度。保证自然、生物的发展，做到和平、共融。管理过程中应保证以下几点的实施。

①加大森林植被的保护力度，不得以任何借口滥伐林木、破坏植被。

②不建立大型餐饮娱乐设施，景区内服务设施力求简朴实用，因地取材。

③不能盲目修建人造景观，人造景观应处于从属地位，其形式、风格、位置应与自然环境相协调。

④控制污染源，并做好污染物处理工作。在森林公园管理范围内，不得从事采矿、采石、挖沙等活动，不得建设污染环境的工厂企业等；限制机动车辆进入景区，控制噪声；做好垃圾的收集、转运、分解工作，做好厕所的建设和管理工作。

⑤在生态系统脆弱地段采取保护措施，如在一些特殊植被区，如草甸区、沼泽区、观花区等铺设木地板道，要求游人沿着木地板道观光游览。

⑥保护野生动物栖居环境，如人工设置鸟巢，教育游人静心倾听及禁止在夜间给动物拍照，建立并管护好供动物迁徙的绿色走廊，保证动物食源等。

⑦采用节能设备，所有能源及物质不能给周围的自然生态环境造成不良影响。

⑧向游客提供有地域特色的饮食、绿色食品及旅游纪念品。

⑨运营中维持良好的旅游秩序，对游客行为采取疏导方式而非强制方式，设立游客意见箱和投诉电话，及时了解反馈信息，及时处理各种投诉。

时间上的关键点，指正常的一天或一段时间内的游人集中活动的时间。每年各种节庆活动开展的时间都是时段上的关键点，这一期间要增加服务人员，尤其是在上述时间关键点，应疏导人流，维持秩序，数字化管理景区的旅游承载量，以有效保护旅游生态和游客安全。

2.森林公园生态旅游保护措施

（1）制定森林公园的生态旅游开发规划

目前我国森林公园普遍尚未制定专门的生态旅游开发规划，导致旅游开发过程中出现旅游项目设置和设施建设破坏当地的资源环境，也严重损坏社区居民生存环境的现象。应在开发前首先制定旅游发展总体规划，在此指导下，针对森林公园旅游开发的总体目标和生态旅游资源的特征及空间分布格局，制定具体的生态旅游规划，规划中应注重不同地段的生态旅游方式、游客容量安排等内容。

（2）控制游人，增强生态环境容量的量化

目前我国大多数森林公园不存在人满为患的局面，但不容忽视其潜在的影响。在一些生态资源脆弱和敏感地带应采取措施限制或疏导游人，使游人的利用量控制在生态阈值之内，以保证森林公园的环境承载力，同时又不破坏游兴。游人们利用量与生态负荷曲线关系见图2-4。

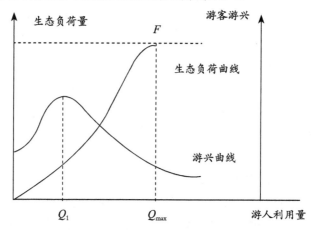

图2-4 游人利用量与生态负荷曲线关系

如图2-4所示，生态负荷量随游人利用量的增加而加重，当游人利用量增加到影响生态阈值 F 时，即生态负荷量所对应的 Q_{max} 值为最大（极限环境容量），任何经济活动都必须控制在该值之内；游客游兴的满足（社会承受力）也必须以不超出 F 值为标准。游人的临界满意情绪通常随着游人的增多出现拥挤而趋于下降，此时的 Q_1 为最佳游兴值。目前我国生态环境容量的计算通常是人为给定主观容量值，如森林公园为15人/公顷（1公顷=10000平方米），滑雪场为100人/公顷，荒野为5人/公顷，郊区国家公园为15～70人/公顷，但是很少有基于资源和游人综合研究之上的科学数值，如何综合考虑"人与自然"双重利益，实现环境容量的合理量化，这应是生态旅游开发的重要研究内容之一。

（3）加强生态系统的定量定位研究

在森林公园开展大规模的生态旅游前，应对生态旅游开发的环境影响效应进行评估。对森林公园内不同地段不同线路的生态环境容量进行定量研究，并以此作为制定生态旅游规划的主要依据。在森林公园内有代表性的地段建立观测站，对生态旅游过程中的环境质量（包括水、土壤、空气环境）和森林生态系统变异进行长期定位监测，及时为林业、建设及旅游部门的决策服务。

3. 基于生态旅游责任模式的反馈机制

目前我国旅游开发与规划中均包括旅游开发效益的评价，即对经济、社会与环境效益进行综合评价，形成开发—建设—盈利的单项运行机制。但在这种机制下，常常出现旅游开发商为了获得经济利益，打着"生态旅游"的招牌，不惜以破坏资源、危害居民生存环境为代价，开发所谓的"生态旅游"的现象。从根源上看，生态旅游所提出的"绿色"开发的目标要求，其核心理念是开发与保护的协调，不仅要求在开发过程中实现对自然生态环境和地方优秀文化的保护，还必须重视旅游系统中其他要素的受益，实现和谐发展。结合前述生态旅游双向责任模式中的系统分析研究，可以将旅游开发最终所达到的各方面权利与利益，作为检验森林公园开发生态旅游成功与否的标准，实现信息的反馈，促进森林公园循环发展。生态旅游责任模式反馈体系如图2-5所示。

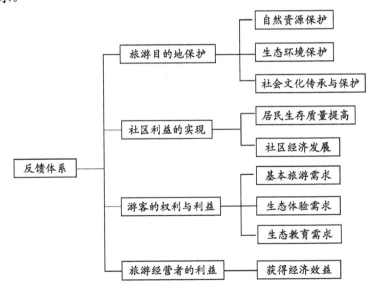

图2-5 生态旅游责任模式的反馈体系

从图2-5的反馈体系中可以看出，在森林公园实行生态旅游开发过程中，将旅游目的地保护、社区利益的实现、旅游者权利与利益，以及旅游经营者利益四个方面作为落实生态旅游的检验标准，通过对四个方面中各项要素的定性定量检测，及时发挥反馈作用，对存在问题的环节做出修改，从而促进森林公园生态旅游的可持续发展。

第一，旅游目的地保护是生态旅游最基本的衡量因素。森林公园生态旅游资源是开发生态旅游的重要载体，现代生态旅游者所要求的"回归大自然"，不仅是"自然回归"，还包括"文化回归"。在生态系统中，主要是以生物多样性的保护、生态系统完整性的维系、环境承载力的控制，以及大气污染指数、负离子含量等定量评价指标作为检验标准，同时，还要注重促进社会文化的保护与传承。

第二，社区利益的实现是促进社区脱贫致富，保证生态保护顺利实施的根本动力。传统大众旅游之所以在资源及环境保护方面没有取得明显效果，关键问题是未能有效保证社区利益的实现，使得保护缺乏内在动力。在旅游保护受益体中，社区的保护动力最大，因为旅游资源与环境是他们生存的依托，是他们发展旅游业获取经济效益的基础，保护了这一基础，就意味着保护了他们的生活质量与经济收入，使生态资源获得了"永久"的保护动力。

第三，旅游者的权利与利益是不容忽视的旅游发展动因。旅游者是旅游发展的主体，在生态旅游开发中，首先要保证生态旅游者作为一般游客所必需的安全、舒适等基本需求。其次，必须符合其进行生态旅游所要达到的观光、体验、生态教育等的生态要求。

第四，生态旅游开发不以盈利为主，但经济利益的获得仍然是旅游经营者进行生态旅游开发的动机之一，开发商的盈利有一部分投入到旅游开发当中，为生态旅游设施、生态环境的保护提供了资金保障。

在反馈体系中，各项要素之间还存在着利益分配、利益关联和利益重叠问题，需要定性评价与定量评价相结合，特别是科学、实事求是的定量指标可以保证评价的合理性。目前条件下，各项具体指标的评价方法还有待于进一步的研究。

第三章　森林公园生态旅游环境教育

　　环境教育的概念属于教育领域。王燕津认为这一词语首次出现是在 1947 年，起源于托马斯·普瑞查的话："我们需要有一种教育方法，可以将自然与社会科学加以综合。"托马斯·普瑞查把这种教育方法称为"环境教育"。当时正是世界环境问题恶化，人们生态环保意识开始觉醒的时候。目前学者公认的环境教育的第一个定义出现在 1970 年，国际自然及自然资源保护联盟（IUCN）在美国内华达会议上提出：环境教育是认识价值和澄清概念的过程，可以培养人们理解和评价人及其文化、生物物理环境之间的相互关系所必需的态度和技能，在有关环境质量问题的决策和规范的自我形式之中，环境教育承担实践的任务。联合国教科文组织（UNESCO）在 1974 年提出，环境教育不是一门课程或一个学科，而是用来达到环境保护这一目的的一种方式或手段，它应秉持着终生原则来进行全面的教育。1977 年第比利斯会议更加明确地指出，环境教育是一门属于教育范畴的跨学科课程，其目的直接指向问题的解决和当地环境现实，它涉及普通、专业和校内外所有形式的教育过程。

　　当前，就普及程度而言，卢卡斯模式是大众认可程度最高的环境教育模式。卢卡斯模式将环境教育划分为"关于环境的教育、通过环境的教育、为了环境的教育"三大层次。"关于环境的教育"指的是人们通过获得与环境相关的认知（这些认知不仅包括了解相关的知识与专业技能，还有环境与人的关系觉知），批判性地评价涉及的环境问题，因为知识的积累可以推动价值观的形成。"通过环境的教育"所讲的是通过对目的地的探索和发现，在获得体验的同时，通过问题的解决或行为的反思，来使得受教育者获得更加先进的环境技能。"为了环境的教育"是指当受教育者探索环境和环境与人类之间的关系时，其思考的对象是整个自然界，因此受教育者很有可能对自然产生正面的价值观念，并采取积极的行动，通过这种反思式自我学习的过程，促进经济和环境的平衡发展，在人和自然的平衡关系之下，达成可持续的共赢局面。

　　上述三个层次包容了"经验""关怀"和"行动"三个方面，因此，环境教育的基本模式可以大致概括如图3-1。通过为旅游者提供与环境有关的知识与行为的认知，包括相关概念和环境技能，使得旅行者对人类与自然间的相互关系有一个正确的理解。旅游者在环境中所获得的教育和经验，能够培养其积极的环境态度，塑造正确的环境观念，从而推进环境意识的形成。

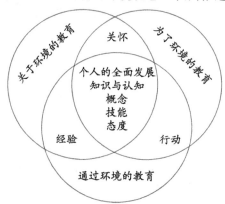

图 3-1 卢卡斯模式示意图

伴随环境教育这一概念出现的还有环境解说，环境解说隶属于旅游解说系统，它的形式来源于旅游解说，又包括了环境教育的内容。不同的学者和研究人员对于二者的定义和内涵有着不同的看法，一种观点认为两个概念含义相似，可以混淆使用；相对而言，另一种观点则强调了环境解说与环境教育的异同，前者是后者得以实践的渠道和方法，换言之，后者是前者的组成部分之一。笔者认为，二者的内涵是不同的，虽然有一部分环境解说是以教育为目的的，但环境教育包含了更多的途径和形式，比如通过自然观察或是参与和体验活动来向受教育者传播知识和技能，鉴于此，环境解说是存在于环境教育的系统之中的一部分。

第一节 森林公园生态旅游环境教育的实施现状

一、环境教育相关理论研究

（一）有关环境教育的研究

1. 环境教育的定义研究

如上所述，环境教育的定义目前为止还没有一个准确的回答，但是研究人员在其中两个方面的认识是相同的。第一，环境保护的正确价值观的树立是非常重要的。环境教育是一个复杂的过程，它不仅包括传递环境保护的知识，也包括认清环境保护的价值和树立环境保护的态度。第二，环境教育是通过特殊的教育途径，将环境知识推广到普通民众之间并且转化为人们对环境保护的行动。通过这样的过程达到环境教育的目标和环保的最终目的。

2. 环境教育的分类

在实践的层面，环境教育存有"正规"和"非正规"之分。正规的环境教育是环境教育的主要途径，指学生在学习生涯中接受的环境教育。即在小学、初中、高中等国民教育体系中通过制订教学计划、宣传环境概念、体验环境对人类的影响等方式，针对环境保护，以常识和技能的传授为主，引导学生形成正确的价值取向。国民教育体系中的环境教育一方面是将环境科学技能、知识、环境道德教育等方面的教育融入相关学科教育中。另一方面是开设专业的环境教育相关课程或利用学生学习的空余时间开展多种形式的环境教育活动。环境教育目前已经成为很多发达国家基础教育和高等教育的重要内容，如德国开设了垃圾分类处理课程、澳大利亚开设了综合学科内容的环境科学专业等。但正规的环境教育也存在一些不足，从环境教育开展的模式来讲，这些课程往往重在强调与环境有关的教育或以优化环境为目的的教育而缺少通过用环境的手段达到教育的目的。这往往是由于受课程设置、场地、时间等因素的限制。正规环境教育的重要性毋庸置疑，但它不是环境教育的全部，对现实环境的改善也是有限的，伴随它的是另一种教育途径——非正规环境教育。非正规环境教育是指除学校以外的其他组织和机构所实施的环境教育。相较于前者，不管在教育受众上，还是在实践渠道上，后者的表现明显更为多元化，以至于学术研究难度增加，相对落后于前者。非正规环境教育较为强调"通过环境的教育"，结合各种有效的教育手段，如广播、电视、小册子、广告等，推动社会环境教育发展，到各自然保护区、国家公园等自然环境中进行野营、短途旅行、对环境进行实际考察等，通过亲身经历，强化环境教育的成效。非正规环境教育不仅与正规环境教育共同构成环境教育整体，而且是这个整体中的一个后续的、主体的部分，是达到治理现实环境问题的有力实践方式。

3. 环境教育研究进展

放眼全球，自20世纪的50年代开始，环境教育获得各界重视之余，初步呈现出可持续发展的局面，发展一路走来从"孕育"到"成熟"，进而从"蓬勃"到"创新"，不管理论，还是实践，都呈现出不断丰富的发展之势。国际环境教育的研究问题实现了学校到社会的全面覆盖，既包括规划、教学、落实等，又包括对象、主体、目标等，如倡导"绿色校园"，构建依托于教材的环境保护教育体系。我国的环境教育起步较晚，有学者认为我国的环境教育工作始于改革开放后，伴随国民经济增长，出现一系列环境问题后，政府和民众才出现环境教育的观念。但目前，我国环境教育及其研究的发展仍落后于国际发展步伐，也落后于本国的社会经济发展，环境教育研究存在一些不足。首先，研究文献匮乏之余，绝大部分研究停留于如何实施的说明层面，没有做到深入探究，如介绍科普知识、描述国内外环境教育发展状况等，还没有进入深层次的反思事实阶段。其次，研究涉及多方面领域，面向环境教育，既有课程设计和政策分析，也有国际经验的借鉴等，不过研究主题普遍有失明确，以至于实践研究壁垒重重。最后，研究学者所受教育仅仅指向一个学科，除了教育之外，文化、经济、政治、科学等都是环境教育有所涉及的领域，可见相关研究具有"跨学科"的特点，因此需要跨学科的综合探讨。

（二）生态旅游中环境教育的研究

基于生态旅游而言，其与环境教育的结合，是其发展进程的必然趋势。在 1993 年的 9 月，东亚各国齐聚北京，召开了首届东亚地区国家公园与自然保护区会议，针对生态旅游的发展，首次引入了"环境教育"的概念。这次会议提出"提供必要设施，实行环境教育以便游人参观、理解、珍视和享受自然和文化资源，同时并不对生态系统或社区产生无法接受的影响"。目前为止，针对生态旅游的环境教育在生态旅游研究中还不是研究的重点，专门的研究文献相对较少。

1. 国外研究概述

以"生态旅游"和"环境教育"为研究样本，有的学者从多个层面展开了概念解读。很多学者和机构在定义生态旅游时都强调了环境教育。有人提出，所谓生态旅游，即是以未经人加工的自然区域为目的地，针对以野生动植物为主的自然风貌的观赏价值，以适当资本的投入，设立旅游保护区，调整当地产业结构，面向拥有旅游意图的个体或组织，打造环境教育，实现以自然保护为活动准则的旅游发展。澳大利亚国家生态旅游战略对生态旅游的定义为：所谓生态旅游，即是在自然环境的概念解读之下，以生态可持续为经营依托，拥有教育功能的自然旅游。还有一些学者共同提出，所谓生态旅游，即是一种具有教育和探险双重特性的非消耗旅游。综观面向生态旅游的研究，有很多学者都提到了环境教育。巴克利提出生态旅游具有整合教育的功能，不仅涉及对个体态度的引导，也为进入市场的自然产品提供了资金支撑，力求将可持续管理的非常规影响降到最低。伊格尔斯等提出生态旅游拥有如下 3 个基本功能：以自然区域为特定导向；以教育获益为依托，引导人们调整认知，实现环境的保护；调整当地产业结构，居民创收从农业向商业转型。戴维提出生态旅游拥有如下 3 大基本原则：自然、包括解说在内的环境教育以及可持续发展。来自美国的学者怀特提出生态旅游拥有"教育"特点：针对相关人员，以道德观和责任感的形成为依托，予以行动的引导。雅各布森和罗伯斯共同介绍了生态旅游环境教育的项目。具体而言，这一项目是哥斯达黎加国家，以国家公园的样本，以资源管理为指向，基于游客人数在过去十年中急剧增加的新形势，而将"环境教育"作为一项有效适应工具。这一项目的启动之初，首先做了问卷形式的调查，专业学者、公园管理人士、导游、可能从事旅游行业的潜在人员以及游客（抽样 400 个）都是调查对象。此外，基于项目的持续升级，同时强调了更大范围的培训。

2. 国内研究概述

作为以环保为倡导之下的非常规影响较低的旅游形式，生态旅游首要任务即是"自然生态环境的保护"，而要想发挥这一重要功能则有赖于人的自觉和较好的环境意识，人的自觉和环境意识又离不开环境教育。依托环境教育，生态旅游的教育功能得以实现，相较于以成效为侧重的客观说法，主观层面的解读强调了过程，是周密规划之后的自发行为。换言之，环境教育于生态旅游之中的出现，是一种意识之下的必然行为。虽然对于生态旅游的环境教育，我国当前已然获得了一些研究成果，但数量有限且尚未被纳入重点研究的范畴，普遍停留于认知的层面，既系统又深入的研究相对匮乏。一些学者立足于关系层面，提出生态保护教育于生态旅游而言，是基本功能一般的存在，对环境教育的重要性予以了强调。以生态文明建设为切入点，廖福霖等认为生态旅游是一种以生态文明观为依托的教育功能。李嘉认为环境教育可以提升生态旅游的品质与内涵，生态旅游能促进环境教育功能的实现。尤海洲等提出对于生态旅游而言，环境教育能够从根本上转变人们的环境道德观念，为生态旅游的发展提供强大的智力支持。综上，对于生态旅游与环境教育，国际已然形成了初步统一的认知，环境教育是生态旅游的标志性特征，有助于环保意识的全民普及；生态旅游的发展不能欠缺环境教育这一重要功能，否则生态旅游将无法以真正的意义而存在。可见两者的结合实属必然，重要意义非同一般。关于生态旅游的环境教育研究，虽说中国当前已经步入一定的阶段，相关教育也得到了倡导，可是各界关注明显不足，尚未得到真正意义上的实践，甚至一些生态旅游的发展中，普遍缺乏环境教育这一核心内容。李北东、连玉奎共同提出，产生这一现象的原因既有认知偏差，又有逐利影响，更有市场缺失。基于此，一些学者面向中国的生态旅游发展，指出环境教育是基本需要，更是必然之举。

通过理论研究，我们不难发现我国生态旅游环境教育的理论研究还存在一些问题。首先，对环境教育的内涵认识不够深入。学者们都能认识到环境教育具有在环境知识技能普及、环境伦理、环境感知方面的作用，但研究过程中往往出现仅对其中一方面或几方面进行论述，产生概念的偏差，将环境教育等同于科普宣传或环保教育，忽略了环境教育的实践性。其次，缺少针对某种类型生态旅游区教育内容的专类归纳，针对森林生态旅游环境教育的研究非常匮乏。当前有关生态旅游环境教育的研究中，教育内容和分类较为泛化，缺少详尽的具有针对性的研究。森林作为生态旅游最重要的环境依托，具有其独有的特点，根据地理和气候条件的不同，各地的森林生态旅游也应具有当地特色，这还需要研究者进一步深化。同时，由于对环境教育内容没有全面的认识，也没有在生态旅游区建设和管理的过程中给予环境教育足够的重视，森林生态旅游环境教育体系还有很大的研究空间。最后，环境教育途径单一，缺乏针对不同受众的环境教育研究。当前我国大部分生态旅游区还处于以解说形式传递少量教育内容的阶段，而针对不同人群、开展不同主题、满足不同需求的环境教育活动的设计，教育手段单一，内容不够丰富。环境解说内容分类宽泛，各研究者对教育手段、教育内容、方法与途径及目标群体的提法大同小异。森林公园、自然保护区等普遍缺乏完整的解说系统设计，更没有以环境教育为目的的游览规划。

二、森林公园生态旅游环境教育的实施

（一）国外现状

美国在 1872 年成立的"黄石国家公园"，是全球第一个以生态资源为依托的国家公园。自此，人与自然之间关系，从"开发、利用"向"观赏、保护"转变。对于山林荒野，人们有了"自然资源"之外的思考，亲近美景之余，获得了文化、生命、价值等方面的体验。1898 年，基于自然保护，约翰·缪尔针对国家公园提出了建议："世间文人数以万计，当他们心生倦意、孤苦无依、体魄薄弱之时，进入山林荒野，如同归家一般。生命起源于自然，森林绝非仅仅是野生动植物的栖息之地。"自此之后，森林经营时代告一段落，美国林务局确定了五大目标：娱乐、牧业、林业、保护集水区以及保护野生动物。郭琼莹提出，当前针对国家公园的设立，各国所倡导的集"保育、研究、教育、娱乐"于一体的核心价值，以及自然保育运动的兴起，都始于美国荒野运动。随着森林环境问题的全球化，森林保育成为各国森林管理的重点，不仅以资源为样本，展开了技术和管理的研究，还以环境教育为依托，引导人们深入认知森林和人类的作用关系。特别是在森林的指向功能上，发达国家基本完成了"国家经济"向"公共效益"的转型。下文针对森林环境

教育的现况进行概括论述，所参考政策方案主要来自英国、美国、澳大利亚以及日本。

1. 英国

英国以教育为依托，提出了"森林教育合作计划"，面向整个社会系统，引导包括学生在内的普通大众认知森林所承担的关键角色，进而明白森林的经济价值，强调可持续经营。"森林校园"是该计划中的方案之一，通过森林和学校的互相发力，将面向学生的教育依托于森林环境来完成，实现学生"自信、自尊、自立"品质的培养。以"森林校园"为依托，针对森林教育涉及的七大领域（科学、地理、文学、数学、设计、科技、艺术）的各种教材资源，英国在互联网上构建了共享平台，面向全国各郡开放，内容包括树木结构以及相关工艺品的起源、森林文学以及狩猎文化的介绍，等等。

2. 美国

1970 年美国颁布《环境教育法》，成为首个对环境教育立法的国家。对于森林环境教育，美国提出了可持续的方针，不管于课程而言，还是对培训来说，教学实践都有相对完备的规划为依托。教学的系统性展开，有赖于社会各界的合作，具体包括政府部门、教育系统、民间组织以及学者机构等。以下选取了几个相对比较有特色的教学计划为样本予以详述。第一，"在森林中学习、体验与活动"概念框架。"在森林中学习、体验与活动"是一个以教育为依托的概念框架，以森林环境教育为目标，以幼儿园至高三的学生为对象。这一框架由威斯康星州的自然资源局以及大学环境教育中心协同提出，面向森林资源，基于介绍内容的不同，共有三大主轴之分：生态系统、森林的重要属性、可持续发展。除此之外，威斯康星州政府还强调说明了对城市森林，包括美化环境、水土涵养、节约能源以及净化空气等方面的价值，并编制了教育概念大纲，意在引导学生认知城市森林和人类生活以及别的生态系统之间的关系，个体行为对可持续发展存有哪些影响，以及未来发展可能会遭遇的壁垒等。

第二，"森林教室计划"。"森林教室计划"是以一年为期限，以生态知识、乡土文化、资源管理、服务学习为内容，以教务工作人员为对象的培训课程，是由美国的林务局和民间机构合作发起的。课程内容包括针对森林做跨学科的学习，并结合小区与学生本身的实际体验与操作，整合自然与人文的探索，最终培养学生关心自然环境问题的习惯，并学习与自然有关的知识，使学生将所学习的知识，应用于实际的行动中，成为负责任的资源使用者及地区土地的管理者。

第三，"学习树计划"。"学习树计划"是一套完整的森林教育计划。

它是在美国森林基金会的主导之下，由自然资源管理学家在 1976 年提出的。迄今为止，在森林环境教育中，该计划以内容的不断完善，成为最具有价值意义的重要依据。从组成上来说，这一计划共有三大部分：环境、资源管理及技术、社会文化。解决环境问题，引导学生立足于科学层面，弹性思考，尊重不同的价值取向，成为真正意义的实践者，是学习树计划的目标所在。

3. 澳大利亚

森林保育受到了澳大利亚的高度重视。除了国家公园的设立之外，澳大利亚尤为强调环境教育资源的整合利用，并构建了全民参与的管理规划和互动网格，所面向的利益集团包括政府、社区以及营利单位等，跨领域、终身制等环境教育的各种特征得到了充分发挥。各省根据当地的地理和经济情况，制订相应的教学方案。其中图希森林环境教育中心的成立，以学生、教师、学校为对象，提出了针对性的环境教育方案，由格里菲斯大学的生态中心以及昆士兰洲政府教育与训练部联手发起。这些方案面向从幼儿园至高中的所有人员，目标在于引导学生立足于历史层面，对当地森林予以探索，收获知识之余，提高应对环境问题的能力，培养正确的价值取向，了解人类行为对自然环境所造成的影响，进而实现环保意识的全面提升。

4. 日本

森林旅游在日本的规模化发展始于 1973 年。林野厅针对全国地区的国有林区，设立了一部分对外开放的"游憩林"。由日本关于森林旅游的数据统计可见，森林旅游活动的人次每年高达 8 亿多，以 1 人为单位，其 1 年的相关活动数量平均为 7 次左右。日本的环境教育已经完成了相对完备的结构构建，除去独立行政法人的国立环境研究所之外，还有环境研修中心以及教育推广部门。

1994 年，日本的岐阜县提出了绿色向导计划，以这一地区的两个村庄为目的地，以讲解为主要方式，举办了一系列培训，将森林项目划分为"观察、采集、学习、体验，"四大方面。对于森林文化的推广，日本高知县强调以森林局为主导的全民参与，在认知森林的前提之下，以自然规律为遵循，实现人与森林的和谐相处。随着《森林和林业基本法》在 2001 年的调整，其特别强调了环境教育，日本林业的"伐木时代"终于走向了尽头，迎来了"环境保育"的全新阶段。

（二）国内现状

目前，我国森林生态旅游环境教育的实施情况并不理想，国内开展环境教育比较成功的森林生态旅游区屈指可数，主要有秦州森林体验教育中心、王朗自然保护区等。秦州森林体验教育中心的建立旨在长期巩固项目成果，为当地群众普及与森林相关的知识，尤其是培养少年儿童保护环境、爱护森林以及可持续发展的意识。中心引进森林体验教育理论，组织一系列教育及体验活动，帮助人们通过调动自身所有感官来感受森林，认识森林，了解森林与人类活动的各种关联，从而使人们能够积极主动地保护森林，促进生态的可持续发展。森林体验教育方法主要有自然体验法和互动启发法两种，前者借助游戏，使人们从感情上亲近自然，实现对纯自然的感知；后者通过测量、分析和实验性活动，帮助人们增强对自然的认识。王朗自然保护区的生态旅游开发将环境教育融入旅游者活动的各个环节，目前建立了比较完整的景区解说系统，由景区的线路设计、标识牌、关于王朗的文字资料、专家的夜间讲座以及导游讲解等部分组成。

随着近年来社会各界对环境教育的逐步重视，学者们也开始将研究的着眼点落在了森林公园、自然保护区等生态旅游目的地的环境教育功能开发上。通过对当地生态旅游区规划建设的实例分析，一些学者归纳总结在当地景区进行环境教育基地综合构建的可行性并提出建议和对策。

卢山等人通过对钱江源国家森林公园进行深入细致的实地调研，全面阐述了该园区在生态文化构建中的实施策略：首先进行立项并组织规划；其次通过构建景点展示、解说、参与体验系统完善园区内部的景观教育设施建设；最后进行管理制度规范。

徐高福等人着重强调了千岛湖国家森林公园在环境教育宣传手段的别出心裁：通过组织湿地文化体验活动，以寓教于乐的形式让环保教育理念深入人心。

陈静通过对松山自然保护区的实地调研后认为，在推动环境教育工作与生态旅游相结合的实践过程中，要重点关注景区内教育设施的完善、导游专业素质的培养、宣传内容的设计和利益冲突来源等方面。

三、森林公园生态旅游环境教育发展趋势

总结国内外森林公园生态旅游环境教育成功实践经验，发现相关案例存在一些共同点。

第一，环境教育与课堂的结合成为一种发展趋势。中小学生的户外环境教育内容常常与课堂教学相结合，通过寓教于乐的方式，引导学生把理论和实际行动结合起来，实施环保行为，同时把森林等自然环境作为学习自然生态知识的第二课堂。

第二，环境教育手段多元化。教育形式并不局限于解说和牌示等单向简

单传递信息的方式，互动游戏、展览、手工艺品制作、公益活动等都是进行环境教育的有力手段。

第三，尊重地域特色，传播本土文化。在森林环境教育实施时，结合当地资源和环境特点，在传播本土自然和人文常识的同时，帮助人们认识和发现地方存在的环境问题，避免环境教育千篇一律。

四、我国森林公园生态旅游环境教育存在的问题

对比国内外森林公园环境教育的实证案例发现，目前我国森林公园生态旅游环境教育普遍存在以下几方面的问题。

（一）环境教育系统不尽完善

森林生态旅游园区普遍缺乏系统的环境教育体系规划，没有制订统一的公众意识宣传教育计划，而是由各部门根据业务需要，制定一些粗放的宣传教育目标，很难达到提高公众保护自然资源意识的目标。环境教育活动内容单调、方法简单，主要的教育方式是宣传标语、印刷品等。还有不少单位对环境教育的理解停留在"科普宣传就是印手册、安牌子"，而森林环境教育内容就是进行护林防火宣传。滞后的环境教育系统不能与蓬勃发展的森林生态旅游建设相匹配，已成为森林旅游业发展的瓶颈。

（二）环境教育脱离自然环境

无论是森林公园、自然保护区还是风景名胜区，作为环境教育本体的自然资源没有被充分利用，环境教育的实施手段过度集中于宣传册、影视节目等单一灌输信息的传统方式上，游客很难从直接经验中获得相应的体验。在保护自然资源的前提下，开展以生态旅游、科学考察、环境教育为主题的体验活动，可以使游客获得更为深刻的环境感受，对促进生态旅游区的可持续发展也是有利的。

（三）环境教育队伍力量薄弱，管理解说人员知识素质偏低

目前，大多数公园既缺乏专门的对公众进行保护自然资源意识教育的机构和负责人，也缺乏为基层工作人员开展的针对环境教育的岗位培训，更很少有志愿者培训和参与机制。其中，基层从业人员是森林旅游区接触游客最多、最频繁的工作人员，是宣教活动开展的中坚力量，他们所具有的森林保育、森林生态常识、生态旅游观念等业务素质直接影响着游客的行为和认识，对森林环境教育功能的发挥起着重要作用。因此，首先需要加强对在职在岗工作人员的培训与交流，提高森林公园或自然保护区管理人员、讲解员、科

研人员的业务素质，设立专门的环境教育部门。其次，可聘请专家学者作为环境教育工作的指导教师、讲解员，提高环境教育的专业性，鼓励对外合作。最后，根据园区实际情况可适当开展志愿服务活动，号召公众加入森林保育或科教宣传队伍。

（四）缺乏政策和资金支持

环境教育属于公益项目，尽管可以通过一些与旅游相结合的活动为生态旅游景区带来一定收入，但森林环境教育的长期维持和良好经营，仍需要稳定的经费来源及相关政策标准的规范。目前国家林业系统尚没有由中央财政支出的环境教育专项经费，也没有施行环境教育的硬性规定与执行标准。从政策层面来看，应在各种相关的法律法规条例中制定详细、可操作的规范，并有相应的监督和保障措施，划拨专项资金，保障和鼓励森林生态旅游环境教育项目的稳定运营。有关森林公园生态旅游环境教育系统构建的理论体系就是基于以上所讨论的发展趋势和问题所展开的。

第二节　森林公园生态旅游环境教育系统构建理论

一、森林生态旅游环境教育系统构建的理论基础

（一）环境教育的内容

森林公园生态旅游中，环境教育内容的设计不能脱离当地的森林资源。学者奥尔曼将有关森林的环境教育的内涵概括为五个方面，分别为一般定义、环境污染、森林资源的利用与保存、城市再生和生态平衡。学者鲍曼将环境管理的理念总结为四类，分别是环境资源、社会文明、动态与转变和环境控制。美国学者戴维针对人与森林双向关系所存在的问题，如城市居民由于远离森林或是对森林相关知识了解不完善，而对森林环境保护或保育利用持有冷淡的态度，抑或是由于目前有关森林的环境教育都太过偏向于自然科学等知识性层面，而没有体现人本主义等问题，提出了相关的建议。戴维指出，在实践有关森林的环境教育时，要加强民众的环境意识，合理经营和管控森林；使民众认识到森林在本国文化中的意义、森林在本国历史发展中的作用。

日本是发达国家中对森林教育研究较早的国家，目前已发展出较为完善的理论体系和实践方法。井上真理子将日本的环境教育主要内容归纳为四大模块：以观察总结生物种群特点和生态系统概念为主的自然知识普及类，以宣传当地旅游文化及环保为中心的地域文化普及类，以森林旅游、户外徒步、

野营生存等亲身体验为主的实践活动类，以林业、木工和森林营造等为主的森林体验类。日本的国民公共教育体系中包含了与林业相关的专业性知识，如森林生态资源保护、森林保护和森林木材应用等。广隔卓等也呼吁日本应在义务教育的教材中多增加一些森林教育方面的内容，让该项工作做到从娃娃抓起。

通过归纳其他国家和地区的先进经验，我们可以归纳出在我国森林生态旅游中环境教育所涉及的领域应包括生态、人文、资源、行动等各个方面，包含环境知识、技能以及正确价值观的输入。总的来说其主要内容应包括以下三个部分，即森林知识、环保技能以及环境意识。

1. 森林知识

森林知识可以说是在森林生态旅游中最为基础和直接的部分，也是至关重要的一部分。因为知识的积累能够对人的行为产生深远的影响。根据有关理论，知识可以使人的行为动机发生改变，而行为动机则是实际行动的预示和前兆，换句话说，知识（认知和经验）的积累最终可以不断改正人的行为。

在森林生态旅游中，人们可以直接接触森林，通过身临其境的体验，也更易于使人们直接或间接地获得森林相关知识的理解与认知。森林知识不仅包括有关植物、地理、生态学等相关基础知识，还包括更为宏观的内容，如世界森林的现状与面临的挑战，森林保护与合理利用，森林的作用（对生态环境、社会文化和经济发展的作用）及其无形的价值，森林生态系统（包括森林生态系统、森林生态系统与其他生态系统之间的关系等），当地特色的文化知识等。

特别地，要设计出符合当地文化、资源特色的人文知识内容。上文提到，不论在哪种生态旅游的定义中，都强调了生态旅游者要对当地的自然和人文环境负责。因此，在环境教育的知识传递中，要强调乡土文化和地域知识，如要让民众了解当地森林的历史，可与森林中古树名木的保护相结合，进而使民众重视森林未来的发展。身处森林文化和历史的发生地，更易激发旅游者们感同身受的体验，这是进行人文知识传递的绝佳时机，要让生态旅游者在游览的同时，加深对当地历史民俗文化的了解，而不是一味地进行自然风景的观光。总之，在全面地展示环境教育各类知识的同时，更要突出地域自然知识、当地传统的自然利用方式、地方的自然观念和人文历史等内容，使旅游者思考全球化、行动地方化。

2. 环保技能

环保技能在环境教育中所扮演的角色意义十分重大，因为旅游者除了要知晓相关的环境知识，还需要运用环境保护的技能来确保他们在生态旅游中表现出恰当的行为。

在森林生态旅游中，环保技能的获得最直观的表现就是游客在旅游地具体的环保行为，这主要包括了几个方面。

第一，对于动物，在森林生态旅游中，旅游者在旅途中观察野生动物时，需要知道投喂行为是不正确且不可取的；应减少噪音，不故意惊吓动物；同时旅游者也应尽力与动物保持一定的距离，以免因为人类的行为而导致动物背离其习性或改变栖息地。

第二，对于园区内的植物，不能随意采摘其花果叶，特别是珍稀树种和受保护的花木，旅游者应尽量避免与之接触，不留下非必要的标记。

第三，垃圾处理，对于游客在园内所产生的所有垃圾，如果壳纸屑等，包括食物残渣，标准的做法是"打包带入，打包带出"。

第四，在行动路线选择方面，尽量选择已有的路径来进行观赏和游憩活动，以降低对森林土壤的冲击。

除此以外，旅游者也要文明出行，尊重旅游区内的其他游客，如在游览时降低噪声，不大声喧哗，处理好宠物粪便等，使每位游客都能享受到在森林中旅行的静谧与欢乐。

3. 环境意识

我们将培养人们认识环保意义、领悟环保的道德要求、了解环保相关法律及推动人们参与环保活动的整体教育称为环境意识教育。环境意识是人类情感、道德、思维、行为与理论实践相结合的综合产物。将环境意识教育融入生态旅游中，就要通过"润物细无声"的形式，在游客不经意间培养其环境价值观形成，给他们输入正确的环境伦理理念，通过奖惩措施规范其行为要求，逐层递进地将教育目标达成。

人们对环境的价值、重要性进行衡量并给出整体的主观意见和态度，这属于环境价值观的范畴。在森林生态旅游中，环境价值观的教育所涉及的是游客如何看待森林，使他们认识到在森林中旅游时哪些事情可以做，哪些事情不能做，意识到森林的价值所在。在旅游中以各种形式和途径对旅游者进行价值观的教育，使他们潜意识中不利于森林发展的价值观转化为新的价值观念，即人与森林（自然）和谐发展的观念。

在人类生产生活过程中，怎样与自然相处形成和谐稳定的相互关系，是环境伦理学研究的范畴。人不仅应承担对于人类的道德和责任，也要担负起对于自然中其他存在物（动物、植物、非生物）的道德义务。体现到具体的森林生态旅游中则表现为以下的道德行为：首先，要对森林环境保持敬意，不要破坏现存的生态过程和自然环境；其次，要保护当地的珍贵物种，包括动物和植物；最后，对森林公园中的各类资源要合理地加以利用，而不对它们造成损害，不能因生态旅游活动造成森林资源的衰退。

在综合了主流的环境价值观和伦理观要求基础上，制定的一系列具体的行为要求准则被称为环境行为规范。游客在森林中进行游览活动时，其行为会对森林生态系统产生一系列影响。因此，规范其行为是环境教育实践工作的重要环节。一般来说，行为规范的教育通常采用"游客须知"或"游客守则"等方式来指导游客在园区中的行为。游客应清楚地知晓自己在生态旅游区"什么是可以做的""什么是不准做的"，并依此形成正确的行为规范。

（二）环境教育的受众

在广义上讲，环境教育受众应当包含生态旅游产业链条上所有的利益相关人员。所有景区管理人员及当地群众、旅游者等都是接受教育的对象。而出于研究的方便，从狭义的角度来讲，环境教育受众就是所有生态旅游者。

1987年，拉阿曼和德斯特就以旅游者的生态环境意识、自我行为要求和环境责任感等为标准将这个群体分为严格的生态旅游者和一般生态旅游者两类。严格的生态旅游者对自然怀有敬意，具有鲜明的环境意识和是非观，这种是非观可以引导他们做出正确的环保行为，并与大自然进行深入的交流。与之相比，一般生态旅游者的环境意识还处在比较浅显的层次，他们对于自然的心理认识还不甚透彻，与自然接触的层次也不够深入。在我国与生态旅游环境教育的相关研究中，大部分学者以一般的生态旅游者作为研究对象，这与我国环境教育相关研究还不甚发达有一定关系。

由于调查条件和操作难度的局限，在本书的案例调查中，被调查者均为上述狭义受众中的一般生态旅游者，即所有到森林生态旅游区游览的游客。

（三）环境教育的形式

在森林生态旅游中开展环境教育，可以利用各种形式，按照不同年龄层次和文化程度受众的不同特性，我们应采用不同的教育手段。总的来说，在森林生态旅游中开展环境教育，主要可以采取三种形式，即自然观察、环境解说和体验教育。

1. 自然观察

自然观察指的是旅游者在游览过程中对森林动植物资源和森林中各种生态现象进行直接的观察和感受，如观鸟活动等。此类活动是以教育接受者自身的主观意识为引导的，间接受控于景区教育环境的影响。一般对这种活动的教育成效很难把握。因此自然观察通常会与生态导游员配合，生态导游员在游览过程对旅游者给予适当的指导。特别地，在设计自然观察这一环境教育形式时应当注意游客的观察活动，既要使之能够近距离体验和观察森林，又要尽量避免或减少对自然的影响。

2. 环境解说

环境解说是我国生态旅游中推广最为普遍的环境教育方式。这一方式通过详细的讲解将教育内容传达给受教者。而解说内容的载体一般是工作人员、景区指示牌、展厅的多媒体设施及景区宣传印刷品等。

工作人员主动对沿途景色、动植物相关知识进行详细解释，将环境教育内容传达给游客的方式被称为人员解说。与其他媒介相比，人员解说的优点在于其解说的信息量大，不局限于单一的内容；同时解说人员与游客面对面交流，信息的接收效率高且互动性强，旅游者在教育过程中的问题能够得到即时解决；并且解说的灵活性高，可以根据现场的实际情况进行解说和教育。

景区指示牌一般包括文字和各种图示。根据其功能的不同，可以将其分为景点标牌、道路指示牌、介绍型标牌和警示型标牌等。这种媒介的优点主要在于可以同时供多人使用，其耐久性较强，且维护成本低；但其缺点也十分明显，如解说灵活性低，解说内容更新慢，与游客互动性弱等。

通过现代电子科技手段，配合图像、声音、触感等空间立体式传播手段将教育内容传达给游客的体验式系统被为多媒体视听系统。该系统包括多种形式，如影片放映、幻灯片展示、语音解说器材、触摸屏设备、虚拟现实设备等形形色色的方式，旨在提高游客的游览体验，激发游客的求知欲。多媒体视听系统将教育内容具体生动地展示给游客，直观性很强，教育内容也可根据需求与时俱进，增强对游客的吸引力和震撼力，让游客在惊叹的同时自然而然地接受环境教育内容。

宣传印刷品的载体较多，景区指南、景点明信片、彩页，书签等都能够印刷教育知识。这些产品既便于携带，可以在游客的旅游过程中提供一般或专业性知识，强化和巩固教育成果；又有一定的纪念意义，使旅游者在旅游结束后仍能通过阅读来回想和体会，使环境教育延伸至景区外。

3. 体验式教育

体验式教育是通过体验活动让游客直观地感受环境教育重要性。它所强调的是"在实践中学习"，在本质上是一种寓教于乐的方式。游客们通过景区设置的活动自己动手、亲身体验，不仅可以增强互动，还可以在欢乐的氛围下巩固环境知识，学习环保技能，提高环境意识。焦志强提出，应该充分发挥旅游者的潜力，如让生态旅游者参与协助完成生态道路的设计和一些不太复杂的检测工作。

针对以森林资源为背景的生态旅游，应充分利用森林资源，设计出既科学又有趣，同时具有教育意义的生态旅游产品和项目，充分调动生态旅游者的积极性和求知欲，通过他们的亲身参与和体验，使原本枯燥无味的教育学习过程变得有趣。"兴趣是最好的老师"，因此这种参与型、乐趣无限的教育活动必然会取得绝佳的教育效果。

常见的体验式环境教育活动还包括一些生态试验，即充分利森林资源，设计出一些简单易行的生态小试验，由游客来操作进行，如空气质量检测或水质检测等，通过生态试验，使游客们认识到自然资源所遭受到的危害，触发人们保护自然、保护生物的自觉性。

除此以外，体验式的环境教育还包括让游客亲自参与设计生态道路，组织游客参加"公益植树""捡拾垃圾"等相关环保活动。体验式环境教育活动的内容设计较为灵活，活动可以是多种多样的。这种教育形式具有非比寻常的教育功效，应该在我国森林生态旅游中加以推广和应用。体验式环境教育的活动类型、参与方式、教育对象等方面都需要根据各个森林生态旅游区的具体情况而定，既要突出森林的特色，又要起到有效的教育作用。

（四）环境教育的目标

环境教育就是为了提升国民的基础环境意识、加强环保素养，提高环境知觉，形成环境责任感和伦理观，并以一定的环境技能参与到发现和解决目前的环境问题并预防新的环境问题的行动中来。根据理论研究，有关学者提出森林教育的概念，即在森林生态旅游中所开展的环境教育集合了森林知识、环境价值观和森林环境保护技能等，意在引导人们接触和爱护森林，学习与森林相关的知识，提高环境意识，从而自主地参与到森林环保活动中来，其目的归为以下五类。

1. 意识

为生态旅游者提供森林环境知识，使其知晓目前世界森林的现状与面临的挑战，了解保护森林的重要性。

2. 态度

促使生态旅游者认识和理解森林的价值和作用，自发地关注和爱护森林中的自然资源，树立端正的态度，在森林生态旅游中保持积极的保护森林和改善森林环境的意愿。

3. 知识

协助生态旅游者了解森林相关知识，包括生态环境、文化历史等，以及人类在森林环境变化中扮演的重要角色，使其获得相关的经验和基本理解。

4. 技能

使旅游者拥有向其他旅游者传递相关生态环境知识和保护概念的知识底蕴，能够在游览过程中体验到自然力量，进而通过自身力量协助当地进行自然及人文资源的保护工作。

5. 行动

通过组织体验式游览、参观、环保等活动帮助游客认识自然、培养环保意识，并言传身教地引导游客参与到生态建设及环境保护开发工作中，把生态意识变成自觉的生态行为。

第三节　森林公园生态旅游环境教育实践与设计

一、环境教育应遵循的原则

（一）科学性原则

科学性是环境教育所要遵循的重要原则之一。一方面，环境教育涉及自然科学、社会科学以及其他相关的学科领域；另一方面，环境问题是复杂的、有历史的、当前的和潜在的。因此环境教育必须采取科学的方法，向受教育者传授科学的环境知识。生态旅游中的环境教育是建立在环境科学、生态科学、地理科学、美学、环境伦理学和教育学等学科基础之上的，每个学科都有自己独立的学科知识体系和专门的理论知识，且各自相互联系、相互渗透。因此，在环境教育过程中，必须以科学的态度和方法对待森林公园生态旅游环境教育所涉及的各类知识，传授科学知识和原理，培养生态旅游者对待环境科学的态度和价值观，提高他们对生态环境的审美能力和感悟力。

（二）人性化原则

人性化原则是指在构建环境教育系统时应贯彻以人为本的理念，充分考虑游客的实际需求，针对不同的教育对象，环境教育的手段和方法都有所不同。通过各种渠道调查游客对环境教育活动的需求和偏好，并将分析结果应用于实际建设中，为森林生态旅游环境教育系统的构建提供一定的依据。因此，环境教育不能一成不变，在其设计过程中要突出人文关怀，根据教育对象的不同，采取不同的教育内容、教育方法、教育手段，突出以人为本的宗旨，从而确保环境教育的有效性。

（三）参与性原则

教育不能总是采取被动的方式进行知识灌输，有效的环境教育更要通过适当的教育手段，鼓励生态旅游者参与到教育活动中，通过实践参与激发他们对环境保护的积极性，从而达到环境教育的目标。

（四）可持续发展原则

旅游活动的开展必定在一定程度上对森林生态系统产生负面影响，即便是开展生态旅游，对于环境的冲击也是无法避免的。可持续发展的思想要求生态旅游将负面影响降到最小，因此在对森林生态旅游者进行环境教育的过程中，要始终贯彻可持续发展原则。环境教育是实现森林资源可持续发展的关键策略和手段，要实现环境教育的目标，环境教育本身必须遵循可持续发展的原则，环境教育的意识、知识、技能、态度、参与等诸方面的目标也必须坚持在可持续发展的理论、思想和战略的指导下进行，最终实现森林资源的可持续发展目标。

二、现有环境教育系统调查评价

进行全面的环境教育体系建设需要以现有教育体系的客观准确评估为基础，对现有的景区解说系统设备是否匹配、教育内容是否科学、线路规划是否合理、体验活动设置是否合理、工作人员能力是否到位等都需要综合考虑。对现有教育体系进行细致全面的调查并做出准确评判能够给未来的完善工作指引方向。

根据调查结果找到教育现状中的问题与不足，在新的系统中加以改正和更新，这样才能保证环境教育系统的科学合理。

三、环境教育资源调查

通过对景区周围区域进行系统调研或有针对性的局部调研，做出该地的环境资源评估被称为教育资源调查。将整个地区的地理环境、自然资源、生态水文及著名景观都囊括在内的调研活动被称为区域性调查。有针对性地对某一景区或景点进行教育资源研究被称为局地性调查。通过实地调研对该地区的自然、人文、社科等综合资源做出系统而详尽的科学评判，被称为教育资源评价。在此基础上，明确环境教育内容的重点，以确定其中心和主题。

四、旅游者环境教育需求分析

旅游者是森林环境教育的对象。但旅游者这个群体的组成十分复杂，不同旅游者的年龄不同，受教育水平各异，对森林环境知识的储备程度和理解能力相差很大，对教育内容的接受程度参差不齐，想要提升环境教育效率，就需要依据旅游者的不同特征进行分类教学，针对不同的受众群体设计有针对性的环境教育活动，以便他们更好地理解和接受，这样才能使环境教育真正发挥作用。

五、环境教育内容设计

（一）环境解说内容的设计

景区内的解说牌是面向旅游者进行环境教育最为直观具体的方式，因此其内容的设计至关重要。环境解说牌是树立在森林公园内各处为旅游者服务的、具有环境教育功能的解说牌，是森林公园内最重要的、最普遍的环境教育设施。环境解说牌所解说的环境教育知识包括较基础的环境知识，也包括一些较深刻的生态学、伦理学等方面的知识。其中可能包括对自然保护区发展过程的简介，对保护区内重要资源（如植物、动物等）的科学解说，对生态系统、群落演替、食物链的介绍，以及一些简单的环境保护标语等。

环境解说首先可以按照解说内容进行分类。比如，在引导旅游者游览的过程中，结合当地自然资源的特点，对森林景区中的动物种类、植物分布情况及保护价值进行系统全面的阐述，这是对动植物知识的传播。而对于地理知识则要依据游览的地形特点及当地的地质特征进行介绍。在进行气候解说时，要随机参照当天及当季的气候变化情况，将环境污染与气候变化的因果关系融入其中，让旅游者深刻领悟森林水文资源对天气变化的影响，进而领悟环保是刻不容缓、关系到每个人生产生活的大事。历史知识教育则要求生态导游员在介绍景观景点时结合历史记录，让旅游者感受时间的变迁对自然资源的雕琢及人类活动对自然资源的破坏，从而领悟生态环境可持续发展对子孙后代的重要意义。生态知识的解说是环境教育中最难理解的内容。它涵盖了森林生态体系在长期自然演变中的形成、变化过程及人在其中的地位、作用，人与自然的和谐共生关系等。

按照环境教育的受众来划分，环境解说内容分为针对儿童的教育内容和针对成人的教育内容。针对儿童的环境教育内容应该从基础知识开始，按儿童的不同年龄进一步加以划分。而针对成人的环境教育内容则要侧重生态意识的培养，通过浅显的实际案例引导旅游者理解深层次的生态原理，进而对生态环境现状有更进一步的认识。只有在了解了一些本质问题之后，旅游者才可能去关心环境，约束自己的行为，改变自己的不良习惯，保护自然。

针对一些特殊的游客，如盲人等残障人士，他们在游览自然保护区的过程中同样也需要接受环境解说服务，因此在解说牌的内容设计上不能忽视盲文的设计。

（二）自然观察内容的设计

自然观察需要发挥旅游者探索自然的主观能动性，使其在游览过程中对森林动植物的生活习性或生态和地理现象等进行观察了解，因此对园区内的游览线路设计及整体景点规划的要求很高。景区旅游线路设计与景观规划要结合当地的自然资源情况、风景分布情况、游客群体不同的心理需求和日程安排进行系统安排，以期让游客能够在有限的时间里，最大限度地体验富有当地特色的自然资源景观，并满足不同阶层游客的不同心理预期。通过多层次、多角度、立体空间组合式游线设计，囊括更加丰富多变的观察体验内容。

（三）体验式教育内容的设计

让游客通过亲身体验的方式贴近自然、感知生命更能够提升环境教育效果。在设计环境教育活动时，要首先深入分析环境教育的主旨目标，进而规划具体的行程、确定参与的对象及活动形式，将整个体验活动的细节都进行系统而周详的分析，为最终的教育体验做铺垫。在环保的基础上采用灵活多变的各类体验互动，让参与的人能够分享参与的喜悦和自身的领悟。体验式环境教育的活动类型、参与方式、教育对象等方面都需要根据各地的具体情况而定，突出森林的特色的同时，又能起到有效的教育作用。

第四节　森林公园生态旅游环境教育发展现状与优化对策——以 C 市某森林公园为例

一、C 市某森林公园生态旅游环境教育发展现状

C 市某森林公园旅游者群体性别比例较为平衡；以收入水平较低、高中 / 中专学历且年龄大于 45 岁的离退休老人和大专 / 本科学历且年龄介于 13 ～ 24 岁的学生群体为主；主要客源地为宜宾市本地市场，其次为自贡市、乐山市等部分市场；森林公园拥有固定的旅游者群体且为短时间停留，以观光游览、休闲健身为主要出游动机；仅部分旅游者选择绿色环保的交通工具与游览设施。

大部分旅游者的环境意识仅停留在表层意识，责任感不强，生态环境知识与生态环境技能匮乏，未意识到环境保护与生态旅游的本质，属于一般生态旅游者，需进一步引导其参与环境保护活动、向其宣传环境保护意识；森林公园在标识、标牌方面做得较好，人工解说、宣传手册等其他环境教育解说服务不完善。

旅游者对生态旅游环境教育的总体需求不高,但对环境解说牌、参与环保活动、冬令营与夏令营等环境教育媒介给予了一定的期望,对生态物种知识、宗教知识具有一定的兴趣,生态旅游环境教育仍具有开展的空间与可能性。

59.8%的游客对森林公园的游览结果表示满意,说明森林公园具备了游客重游的可能。将生态旅游环境教育的内容与形式融入森林公园整体环境,使游客获得丰富详尽的自然生态知识与人文知识同时,更能有效提升旅游体验质量。环境教育可成为翠屏山森林公园今后有效的游客管理手段之一。

从环境教育实施的现状来看,C市某森林公园开展的旅游活动仍然属于大众旅游,较真正意义上的生态旅游具有较大差距,场所环境教育迹象十分不明显,环境教育设施十分有限,没有真正意义上的环境教育活动。森林公园目前主要存在四个方面的问题:环境教育的形式与内容缺失;旅游者环境意识薄弱,需求不高;区位与资源优势利用不到位;保障措施不全面。

二、C市某森林公园生态旅游环境教育发展对策

针对C市某森林公园生态旅游环境教育中的四个方面问题提出以下对策。

①针对环境教育的形式与内容缺失这一问题,需完善环境教育设施,加强专业规划。生态旅游是环境教育的重要依托物而真正实践的地区尚少,翠屏山森林公园也尚未有真正的实践。更因为翠屏山森林公园处于城市环境中,政府、经营者等相关者未真正将其纳入生态旅游建设的范畴,进而导致环境教育形式与内容的匮乏。翠屏山森林公园内仅有最传统的环境解说牌,缺乏环境教育展示小品与生态环境教育中心等基础环境教育设施。环境教育的形式、内容与设施的完善程度与其管理者的重视程度成正相关。增强管理者重视程度,加强规划,是丰富环境教育形式与内容、完善环境教育设施的重要举措。

②针对旅游者环境意识薄弱,需求不高这一问题,需通过积极引导,提升其环境责任感来改善。旅游者环境意识的薄弱与需求不高反映出翠屏山森林公园开展环境教育的迫切性与必要性。一切关键点在于如何设计独特而旅游者喜闻乐见的环境教育媒介与生态旅游活动,引导旅游者参与活动,使其在游乐过程中接受环境教育,进而提升旅游者的环境责任感,增强环保技能,使其成为真正的生态旅游者。

③针对区位与资源优势利用不到位这一问题,需加强对外合作,提升知名度。有的学者认为环境教育的内容不仅包括传统的自然知识,而且包括文化知识。对于人文知识的学习与进一步了解能对自然环境保护、文化传承、生态旅游环境教育产品创新起到极大的推动作用。森林公园拥有丰富的城市

自然资源与人文资源，具有开展城市生态旅游环境教育的基础条件；处于城市中的独特区位条件能将学校教育与社会环境教育有机地结合，是生态旅游环境教育突破城市生态旅游的重要阵地。但目前，森林公园的现状反映出森林公园中的环境教育印迹是寥寥无几，需充分利用自身优势，对内积极开发生态旅游环境教育产品，对外加强资源联动发展，提升知名度，进而促进研究地环境教育的持续发展。

④针对保障措施不全面这一问题，需实施资金、人力等全面联动保障机制。通过实地访谈、问卷调查等方法综合分析得知，在翠屏山森林公园开展生态旅游环境教育的现实可行性与必要性，但目前森林公园在多方面的保障机制并不完善，不能很好地为生态旅游环境教育保驾护航。当下，森林公园应争取各方资金、联系科研单位、加强专业人才培养、引导社区参与等，积极投身于森林公园的生态旅游环境教育当中，形成全面联动的保障机制。

三、C市某森林公园生态旅游环境教育规划建议

（一）规划原则

1. 保护环境、开发资源的原则

森林公园在发展的过程中，在保证生态环境的良性循环基础之上，将森林公园建设的基底作为首要的保护任务。在此基础上，结合森林公园丰厚的人文底蕴，深度开发旅游产品，增强市场吸引力，将生态效益、经济效益和社会效益发挥到最大。

2. 特色驱动、以人为本的原则

坚持以人为本的原则，创造生态、舒适、便利的公共空间体系，多样便捷的交通体系和优美的翠屏山森林公园生态旅游环境。坚持"大项目带动、大品牌引领"的旅游精品原则。旅游开发中充分考虑旅游者的需求，在旅游者需要的地方提供旅游服务设施，重视游客中心、无障碍设计、标识系统的标准化与人性化等。

3. 绿色低碳、原味公园的原则

以生态化的标准和规范大力发展生态旅游业，合理规划，整合基础设施、人文资源、自然资源，促使规划与环境协调发展，推进节能减排工作，实施旅游节能节水减排工程，积极倡导低碳旅游方式。通过森林公园的旅游开发促进生态的保育，使其成为生态绿肺，成为区域绿色低碳旅游的典范。让城市中的公园回归公园，建设一个良性循环的生活、生产、生态发展空间。

4. 市场导向、兼顾社区的原则

C市森林公园是城市森林公园，是城市旅游地，其开发重点是为城市居民提供生态休闲场所，规划要以市场为导向，以资源为基础，按市场需求开发生态环境教育项目。社区居民既是森林公园资源的使用者，又是自然生态环境潜在的保护者。在开发时，应注重社区居民利益，让其直接参与生态旅游的规划、实施和管理，实现森林公园与社区的和谐发展。

（二）C市某森林公园森林风景资源类型

根据对翠屏山森林风景资源普查显示，项目区拥有丰富的森林景观资源和人文旅游资源，共同形成了项目区多元化、多层次、多类型的森林风景资源体系。C市森林公园风景资源分类见表3-1。

表3-1　C市森林公园风景资源分类表

风景资源	资源类型	代表性资源
地文资源	地貌	翠屏山、真武山
	洞穴	哪吒洞
水文资源	泉	月耳池等
	风景河段	岷江河段
生物资源	森林景观	针叶林景观、常绿阔叶林景观、蕨类灌草丛景观、野生花草景观
	森林植物景观	桫椤树、水杉林
	古树名木	古桫椤树、百年黄楠树、百年樟树、百年皂角树、百年大叶榕
	野生动物	松鼠、野鸡、竹鸡、野兔等
天象资源	光现象	晚霞余晖
	天气与气候	屏山日出、林中云雾、皓月当空
人文资源	民俗风情	衣食住行、婚丧嫁娶、民间事项以及信仰崇奉
	遗址遗迹	哪吒行宫、真武山古庙群、千佛台、赵一曼纪念馆、三江一览、神仙庙等
	史事传说	哪吒托梦翠屏山、真武山"郁姑仙踪"传说

四、C市某森林公园生态旅游环境教育规划设计

根据翠屏山森林公园具有的自然资源与人文资源，结合森林公园生态旅游环境教育发展的现状及存在的问题，环境教育规划旨在将翠屏山森林公园建设成集生态观光、文化体验、环境教育、休闲养生、生态屏障于一体的城市生态旅游环境教育基地，使其成为川南生态旅游环线上的重要组成部分。其形象定位为："让公园融入城市，让公园回归公园。眺望若翠屏，城中伊甸

园。""融入"包含"功能的融入"和"形象的融入"。功能的融入即绿色的融入、文化的融入、休闲的融入；形象的融入即可作为城市的天际线、城市的绿色屏障。"回归"包含"功能的回归"和"性质的回归"。功能的回归即自然生态的回归、人文历史的回归、环境教育的回归；性质的回归即保持城市森林公园的性质。

（一）生态旅游环境教育功能分区

根据翠屏山森林公园的性质、地形地貌、资源特点及环境教育需求，因地制宜进行规划布局，凸显"原汁原味"的自然风貌、特有的地域文化和多样的环境教育活动，以增强森林公园的环境教育效果。为达到"划分不同的空间，强化环境教育功能，合理引导游客流量"的目标，将森林公园划分为综合服务区、宗教文化体验区、森林科普教育区、三江探索发现区、翠屏康养娱乐区五个环境教育分区。

1. 综合服务区

综合服务区是森林公园形象门户与连接游客的重要纽带，包括松溪站的游客服务中心及周围区域，主要提供旅游咨询、票务、餐饮等服务，在游客中心设计电子解说设备、小型放映厅和各类纸质宣传册等，向旅游者传递必要的教育信息。主要景点有游客集散广场、游客服务中心、生态停车场、休闲茶坊等。

2. 宗教文化体验区

宗教文化体验区包括真武山庙群、千佛台、哪吒行宫等区域。真武山庙群为全国重点保护单位；千佛台年代悠久，积淀着历史的繁华风霜；哪吒行宫环境协调性好，外观形式统一，景观价值极高，是川南道教文化活动的重要场所。该区具有百年皂角树、黄桷树、樟树十余株，是历史记忆的存储者。该区主要针对青年、中老年游客、专业宗教人员与科研人员，以文化科普教育、登高览胜、休闲度假为目标，以宗教体验为主题的环境教育区。在该区域分布的主要环境教育设施包括电子导游系统、环境解说牌、电子香炉及电子香等。

①主要景点：翠屏叠嶂（孑遗植物园）、哪吒行宫、翠屏晚钟、祈福林等。

②主要活动如下。针对青年游客的活动：了解宗教文化历史，为事业、爱情等祈福，采用环保的电子香炉与电子香等环保产品等。针对中老年游客的活动：体验宗教文化，提升宗教信仰，宗教摄影比赛，宗教鉴宝等。针对专业宗教与科研人员的活动：研习石刻雕刻技术，交流宗教文化，宗教讲座，传播宗教文化，宗教鉴宝活动，宗教节庆。针对青少年的活动：古树名木鉴赏与保护等。

3. 森林科普教育区

森林科普教育区为蕉园、棕榈湾、西静园一线以西的大片区域。该区域内物种丰富，森林覆盖率高，空气自然清新，而且地质结构稳定，土壤深厚肥沃，山地相对平缓，是开展森林科普教育的绝佳位置。该区节假日游人量小，环境容量大。该区主要针对学生群体和中老年游客，是以自然科普教育、生态观光为主要目标的环境教育分区。该区主要的环境教育设施有环境教育小品、户外教育展品、环境解说牌、标本馆、生态步道、水质监测站等。

①主要景点：森林密码（标本馆）、杜鹃庄园、幸福林、蕉园、森林课堂、森林谧径（生态步道）、水质监测站等。

②主要活动如下。针对中老年游客的活动：识别植物，了解植物功效，如何最生态地观赏动物习性，森林谧径静走，生态摄影比赛等。针对学生群体的活动：观察动植物，识别植物，制作植物标本，设计环境教育小品，绿林观鸟，绘画比赛，悬挂爱心鸟巢，水质监测实验，植物配置规划设计，拾垃圾，志愿讲解员及冬、夏令营等。

4. 三江探索发现区

三江探索发现区范围东南至哪吒行宫、千佛台、盐水溪一线，西至蕉园、棕榈湾一线。主要景点三江一览楼气势磅礴，一览宜宾城全貌。该区域以常绿阔叶林和针阔混交林为主，植被类型丰富多样。马尾松、火炬松、香樟、木兰、大叶榕等组成了层次丰富、变幻多样、瑰丽苍茫的林相景观。该区是针对中青年（包括学生群体），以登高览胜、生态观光、科研考察、挑战体能为主要目标的环境教育功能分区。该区主要分布的环境教育设施有环境教育小品、户外教育展品、环境解说牌、气象监测站、生态步道等。

①主要景点：气象监测站、丛林小径、生态课堂、森林俱乐部（攀岩场、原木攀爬等设施）、三江一览楼等。

②主要活动：登高览胜，生态摄影比赛，识别植物类型，了解植物功效，植物配置规划设计，生态探险训练营等。

5. 翠屏康养娱乐区

翠屏康养娱乐区包括赵一曼纪念馆、盆景园、三友亭等景点。重点对该区域进行环境整治。优化环境教育设施，增强游客在该区域的环境辨识度，构成娱乐吸引力。该区以感悟革命精神、爱国教育、道德教育、休闲娱乐、康体健身为主要目的。主要针对中老年、学生及儿童游客。该区主要分布的环境教育设施有人工导游系统、环境解说牌、户外教育展品、环境教育小品、生态教育中心、生态旅游环境教育宣传站和鹅卵石步道等。

①主要景点：动物园、生态教育中心、百草园、生态旅游环境教育宣传站、

鹅卵石步道等。

②主要活动如下。针对中老年的活动：鹅卵石步道与石梯步道健身，识别百草园植物，回忆革命精神，林下休闲锻炼，环线竞走等。针对学生的活动：担任赵一曼纪念馆志愿讲解员，担任生态旅游环境教育宣传站宣传员并定期组织和参与环境教育活动，设计环境教育小品，接受爱国教育与道德教育等。针对儿童的活动：识别植物与动物园动物，接受浅层次道德教育，捡拾垃圾等。

（二）生态旅游环境教育媒介设计

根据环境教育媒介的特点、环境教育的方式与设施，将翠屏山森林公园生态旅游环境教育的媒介分为向导式环境教育媒介、自导式环境教育媒介与参与性环境教育活动三种媒介。

向导式环境教育媒介是指面对面的双向型信息传播方式，可依游客需求随时变化。自导式环境教育媒介是指由书面材料、语音等无生命设施与设备向游客提供被动的、静态的信息服务，属于单向性传播类型。参与性环境教育活动是指通过参与环境教育活动，以活动为传播媒介使游客真正体会环境教育的意义，增强环境教育意识与责任感。

1. 向导式环境教育媒介——解说人员

解说人员即导游，导游解说是目前最受欢迎的解说方式，也是最为传统的解说形式。导游可以为游客提供丰富多样、生动形象的自然及文化知识，使游客印象深刻。同时导游可以通过自身行为感染游客，对游客行为进行监督及引导，制止游客的不文明行为。目前，翠屏山森林公园在导游解说方面存在很大的缺陷，赵一曼纪念馆、千佛台与真武山庙宇群等重要人文景点具有数名工作人员，但没有景区组织的导游解说，只为游客提供参观服务，未形成初具规模的专业队伍。因此，景区需成立导游解说团队，对其进行专业化培训，提高其生态素质与专业生态文化知识，主要需要从三个方面着手：①配置人文知识解说员的同时配置数名自然知识解说员，对解说人员进行人文知识、动植物知识、环保知识等方面的培训，特别是宗教文化、红色文化、水文化、城市森林公园等方面的相关知识，培养游客的环境保护意识；②导游要自我监督与监督游客并重，看准时机对游客进行环保意识的渗透，提醒游客在观赏动物的同时不乱投食，游览时不攀折花木、不乱扔垃圾；③导游要配合管理部门做好对游客非环保行为在游前、游中的控制及游后游客环境行为的反馈，成为管理部门的咨询员和推广员。

2. 自导式环境教育媒介

（1）室内教育设施

1）游客中心

游客中心主要提供旅游咨询、票务、餐饮等服务，在游客中心设计电子解说设备、小型放映厅等，向旅游者传递必要的教育信息，是森林公园的形象门户。除将翠屏山森林公园的游客中心扩大外，还需在其内部设置一个科普中心，主要针对生态观鸟游客和植物观赏游客等科普需求性强的游客，在城市中成立野外游览性质一致的科普中心，配备专业的观赏设备，如望远镜、鸟类图谱、植物图谱等，供游客租赁。

2）生态教育中心

目前翠屏山森林公园没有自然生态教育的场地，在动物园内增设自然生态教育中心，内有音像资料、动植物标本、幻灯片放映、生态教育展品等设施，以对青少年及其他生态旅游者提供授课、参观、参与实验等教育方式开展系统的环境教育活动，提高青少年的环境意识与环保技能，因此为翠屏山森林公园重要的环境教育点之一。

3）标本馆

森林密码是设置于森林科普教育区的标本馆。与周围自然环境相融合的DIY（指自己动手做）标本制作体验馆，让游客于亲自动手的过程中感受森林大自然的奥秘，亲自解读森林密码。标本馆的环境以自然、古朴为主题，多使用生态材料。标本馆以森林内的植物、动物资源为标本材料，向游客提供标本制作工具、标本模型，并配备专门的技术人员指导游客制作，游客可以发挥想象，自主设计，制作完成的标本可购买后留念或馈赠亲朋。

4）其他

森林俱乐部、生态课堂、生态旅游环境教育宣传站等都是翠屏山森林公园的重要室内教育场所。将森林公园回归到城市当中，在城市当中享受野外乐趣，置身森林当中，与自然为伴，能积极引导游客将自然环境作为自己的家，提高环境保护意识。

（2）室外教育设施

1）环境解说牌

森林公园内以对植物进行介绍的解说牌为主，需丰富环境解说牌的内容与形式，不仅需要突出对自然环境的解说，也要增添对人文环境的解说。通过解说牌向游客传递动植物知识、生态知识与文化传承的重要环境知识，倡导旅游者在开展旅游活动过程中遵循"节约资源，减少污染，绿色消费，环保选购；重复使用，多次利用，分类回收，循环再生，保护自然，万物共存"

的生态旅游原则，让游客在游览观光中随时随地感受翠屏山森林公园的环保理念。

环境解说牌的设计类型包括：①植物解说牌，以植物园及森林公园内的主要乔木为介绍对象，介绍植物的分布特征、生物特性、价值及保护意义等；②动物解说牌，在动物园内以及森林公园常有松鼠出现的场所设置动物解说牌，介绍其珍稀程度、生活习性、保护的必要性等相关知识；③文化解说牌，以红色文化、宗教文化、水文化为主题，设计针对历史事迹、三江汇流情况的解说牌；④地质解说牌，以翠屏山地质为主题，在地形较为奇特处设置解说牌，介绍地形形成的原因、特点及其分布等。

2）环境教育小品

环境教育小品是一种以自然环境为无形空间教室的室外教育设施，是在环境教育中特有的室外教育设施，注重游客的参与性和与教育设施的互动性。环境教育小品的设计必须充分结合森林公园的特色。森林公园最大的特色是丰富的植物资源、交融的文化资源与波澜壮丽的水景观。因此设计三大主题小品。①"植物"主题：于森林科普区设计植物作坊，配备相关仪器和设备，便于青少年与生态旅游者进行相关实验，如制作植物标本、解剖植物、提取植物化学成分等。②"文化"主题：将革命节日、宗教节日与环保活动相结合，开展环境宣传活动，使游客掌握环保技能。③"水"主题：可设计水质监测点，由生态旅游者亲自采集森林公园内的渠、塘及三江之水的水样，进行检测，确定水质，使他们从侧面了解保护水源的重要性。

3）户外教育展品

户外教育展品主要是指一些静态的小品，主要供游客观赏、感受。在翠屏山森林公园应将资源特色与其城市区位并重，设计出游客喜闻乐见及罕见的户外教育展品。在森林公园可设计的户外教育展品包括：①动植物形状标牌，增添标牌的吸引力；②"爱心鸟巢"，为鸟类搭建小家，建立其城市栖息地；③革命纪念林与宗教祈福林，将部分林地作为专业林地，缅怀先烈，传播文化。

4）生态步道

生态步道是专供游人行走的道路系统，是游客了解自然、认识自然的重要方式。游览生态步道能起到锻炼、净化心灵的作用。自然以其美好形象激发游客保护自然环境的意识，进而推进环境教育的建设。翠屏山森林公园现有的生态步道主要有鹅卵石步道、环山步道、林间小道，小道周边配置了解说牌和各种植物，使游客在愉悦状态中接受环境教育，提高环境意识。

（3）宣传印刷品

1）游客教育指南

游客教育指南的设计要根据不同的对象设计不同的形式版面与内容，其中最重要的是中老年人、儿童与学生群体。针对中老年及儿童偏重实用性而轻理论，语言简单易懂；针对学生群体，内容偏重环境保护的生态学知识。将游客教育指南于游客中心及重要景点处免费发送。针对翠屏山森林公园的设计内容应包含公园的特色景点、旅游线路及其状况、游客行为准则等。游客行为准则包括：游前准备、游中该做什么、不该做什么，游后反馈信息。要将游客纳入到森林公园的环境教育发展当中。

2）宣传资料

宣传资料主要包括解说手册、宣传画册、光盘及一些宣传折页。宣传资料的设计主要考虑两大群体：中老年与学生。针对中老年群体，宣传资料的字体应当适度放大，图文并茂地展示森林公园特色以及环境保护理念；针对学生群体，可丰富自然、人文等理论知识，提倡青少年积极加入环保活动。

3）其他

其他的宣传印刷品主要是针对文化方面的知识。将每年台湾到大陆交流道教文化的活动事项整理成文，并向专门的刊物投稿，增强森林公园的知名度。设计印有环保宣传语的明信片、信封、纪念章、帽子等，以作为森林公园环境教育的重要载体。

3. 参与性环境教育活动

利用世界湿地日、世界水日、世界环境日、世界地球日、中国植物节等环保节日，"五一"国际劳动节、中国共产党建党节、中国国庆节等红色节日，组织"植物使者""地球值日生""全家总动员""我当一日红军"等一系列参与性的环境教育活动，以亲身参与环境活动，认识自然、了解文化，在实践中丰富环境保护技能，增强环境意识。

（三）生态旅游环境教育产品及项目设计

C市某森林公园拥有山石奇峰、墨绿林带、宗教建筑、红军遗址等丰富的自然与人文景观，依托高浓度的负离子、植物精气及清幽的自然生态环境，以市场需求为导向，遵循可持续、品牌化、多样化、特色化原则，推出以森林康体健身、森林休闲度假、森林生态观光、红色文化追忆、宗教文化体验等为主题的生态旅游环境教育产品和项目。

1. 环境教育产品及线路

（1）科普教育产品

依托种类丰富的植物资源，借助生态教育中心、森林密码、森林课堂等环境教育设施，识别动植物，认识保护动植物的重要意义。面对中小学生群体具有广阔的市场空间。该产品主要线路有以下几种。

①植物探索线路。该线路主要分布于森林科普教育区与三江探索发现区，以区内道路两侧的植物解说牌为节点，节点串联形成植物探索线路。

线路节点：水质监测站—幸福林—蕉园—森林俱乐部—森林课堂—丛林小径—生态课堂。

②环保实践线路。该线路分布于整个森林公园区域，以捡拾垃圾、监督游客不文明行为等为主要内容，提倡游客参与环保活动，提高其环境保护意识。

线路节点：生态旅游环境教育宣传站—生态教育中心—赵一曼纪念馆—哪吒行宫—真武山庙群—三江一览楼—森林课堂。

（2）康体健身产品

依托优越的生态环境、高浓度的负离子、松树柏木独特的植物精气。针对快节奏的都市人群，推出拥抱森林、回归自然的康体健身产品。该产品主要线路有以下几种。

①森林漫步线路。该线路可自由规划，主要位于森林科普教育区内，游客在森林中畅享自然馈赠。

线路节点：森林俱乐部—三江一览楼—生态课堂—气象观测站—棕榈湾—西静园。

②环山健身线路。该条线串联翠屏山森林公园的休闲健身景点，游览时间约为2小时。

线路节点：生态旅游环境教育宣传站—三友亭—生态教育中心—盆景园—盐水溪—蕉园—幸福林—森林课堂。

（3）生态观光产品

生态观光产品以生态资源为观赏对象，依托森林公园内的植物景观、动物景观、三江水景观等自然景观，使游客畅享视觉盛宴。该产品主要线路有以下几种。

①生态观鸟线路。该线路主要沿森林公园环山步道。森林科普教育区内的鸟类分布最为丰富，是线路的重要节点。

线路节点：百草园—盆景园—盐水溪—蕉园—幸福林—棕榈湾—西静园—森林课堂—森林密码。

②生态摄影线路。生态摄影以动植物为对象，以动物园、蕉园、杜鹃庄

园等为主要节点，以三江一览楼、三友亭等建筑为登高点，丰富拍摄角度。

线路节点：水质监测站—气象观测站—三江一览楼—生态课堂—动物园—哪吒行宫—真武山庙群。

（4）文化体验产品

依托赵一曼纪念馆、千佛台、真武山庙群、哪吒行宫等文化底蕴深厚的人文景观，挖掘体验、参与、互动元素，结合环保节日、宗教节日，以游客游览行为反射环境意识，推出符合现代审美观念和游客消费心理的新型文化环境教育旅游产品。该产品主要线路如下。

翠屏文化线路：人行主入口—赵一曼纪念馆—千佛台—哪吒文化园—三江一览园—真武山庙宇群—望江楼—真武山人行出口。该条旅游线路串联翠屏山森林公园所有人文景点，游览时间大约为1小时。

（5）外部线路

环境教育产品的推广必须借助外部的力量，森林公园须坚持"走出去，引进来"的策略，加强与宜宾市其他自然景点与人文景点的融合，形成宜宾市独具环境教育特色的两条专项线路。

①自然环境教育线路：翠屏山森林公园—云台湖—蜀南竹海—兴文石海—英王山—药连岩溶—七仙湖—西部大峡谷温泉—老君山风景名胜区—石城山—翠屏山森林公园。

②人文环境教育线路：翠屏山森林公园—李庄古镇—五粮液酒史博物馆—翠屏山龙华古镇—屏山县烈士陵园—文峰塔—李硕勋故居—夕佳山风景名胜区—翠屏山森林公园。

2. 生态旅游环境教育重点项目

（1）城市森林公园生态旅游环境教育基地

翠屏山森林公园是全国最大的人造森林公园，其城市森林面积位居我国前列。森林公园拥有的自然与人文资源是城市环境中极少有的，具有典型性与独特性，且具有很高的科研价值。建立城市森林公园生态旅游环境教育基地具有现实的必要性与可行性：①建立基地之后可与宜宾学院等本科、大专院校合作作为试验场地，可将科研院校的专业设备与专业知识运用到森林公园环境教育当中，如水质监测、大气监测、环境容量、新型环保设施都可在森林公园中进行实践及运用，为森林公园环境教育增添新的教育设施；②成为中小学生的环境教育基地，结合中小学生的相关课程可将森林公园作为实践场地，在自然环境中提升其"保护环境、爱护环境"的深层环境意识，并在长期的学习过程中，增强其环境责任感，提高其环境保护技能，为森林公园环境教育群体注入新的血液；③成为广大中老年群体的户外健身场所，发挥城市森林公园在康体健身方面的功效，并为中老年人群灌输环保知识，增强其环境意识。

（2）C市某森林公园生态旅游环境教育网

网络是当今必不可少的信息传播媒介，是对外宣传的重要手段。生态旅游环境教育这一新兴事物要得以传播与发展必须借助现代最快速的传播工具。可建立翠屏山森林公园生态旅游环境教育网，网站内容涉及森林公园的概况、环境教育等板块。环境教育板块主要涉及环境保护知识、环保图片、环保活动、环保建议、环保专业人才招聘等内容，积极扩大宣传力度，建立一个真正具有公众环境教育功能的城市森林公园环境教育网。

（3）环境教育产品推介会

为了更好地突出翠屏山森林公园典型的城市森林公园和环境教育基地的形象，宣传是提高森林公园知名度的重要手段，推介会宣传是现代旅游景区越来越趋向的形式。可选择新兴的推介会作为推介森林公园环境教育产品的重要手段。推介会包括两大形式：现场推介与网络推介。现场推介是森林公园每年选择固定时间召开森林公园环境教育产品推介会，选择的时间可以是节庆或者纪念日，加深环境教育意义。现场推介包含环境保护论坛、环境教育生态摄影展、环保科技发明竞赛、环境教育知识竞赛、生态知识宣讲会等多个板块。网络推介指利用翠屏山森林公园生态旅游环境教育网，采用视频播放、在线环境教育游戏、非互动或互动宣讲、网上环境教育交流群等形式进行的推介活动。森林公园的环境教育产品的推广可传播森林公园知名度，从而扩散环境教育的地域范围。

（四）C市某森林公园生态旅游环境教育的实施保障

森林公园的实施保障主要需注重资金、人力、营销与细节四个方面。

1.资金保障

森林公园的开发建设和环境保护需要投入大量的资金，仅靠森林公园自身筹资，难度过大，因此一方面需要中央以及各级政府的资金扶持，将森林公园的开发建设纳入地方国民经济发展计划，并给予必要的信贷和税收优惠政策；另一方面，需要开阔视野，拓宽资金引进的渠道，吸引外资、地方和社会闲散资金。

必须加强对建设资金的管理，实行专款专户，独立核算，资金使用受审计部门、财政部门和上级主管部门的审计和监督，确保资金使用落到实处，充分发挥资金的使用效益。

为确保公园建设所需的稳定资金流，在确保公园生态环境及森林风景资源不遭受破坏的前提下，适当分离所有权与经营权，进行招商引资，实施整体招商与运营的模式，将森林俱乐部、生态课堂等项目交由企业进行市场化运作。此外，公园可出让农耕体验、农耕游乐园等游憩项目的举办权，招商引资。

2. 人力保障

人力是森林公园生态旅游环境教育开展的重要支撑力。没有人力，环境教育的实施就无从谈起。森林公园须重点培育专业管理人员、志愿者以及森林公园附近游客三个群体，扩大人力。针对管理人员，须一方面对现有工作人员进行生态学、宗教文化、环境保护等知识的培训，丰富讲解知识与环境保护技能，另一方面招纳环境保护、动植物研究、园林植物景观、生态旅游管理等方面的专业人才，完善森林公园管理工作人员的结构。广泛吸纳志愿者，使其成为森林公园专业讲解员，监督游客，管理环境教育设施，以提高森林公园环境教育产品的品质及丰富环境教育传播群体。针对森林公园附近游客而言，即社区居民，可培养其成为森林公园的讲解员和环境教育的重要力量。

3. 营销保障

为传播森林公园环境教育基地的形象，须加大营销力度，采取多种营销策略。森林公园主要采取几种营销策略。①联合营销策略。树立整体营销观念，有效整合宜宾市周边自然风景为主的资源或景点，开展互惠合作，抱成一团，实行"一个形象展示、一个声音说话、一个拳头出击、一个网络营销"。②差异化营销策略。针对森林公园不同游客特征，细分市场，采取差异化营销策略，对中老人群体开发康体养生等环境教育产品，针对学生群体开发科研与科普类产品。③网络营销策略。从游客个性需求满足出发，将游客差别化，建立翠屏山森林公园游客信息档案，提供量身定做的环境教育服务。建立翠屏山生态旅游环境教育网站，全面介绍森林公园内及周边的"吃、住、行、游、购、娱"方面的情况，为市民和游客提供最全面、最新和可操作的环境教育信息。与此同时，逐步扩大森林公园营销系统，与优秀的环境教育网站相互连接，实现信息的共享和交换。④事件营销策略。事件营销的重点就是"借势"和"造势"，以此迅速提高景区（点）的知名度、美誉度，树立良好的品牌形象，激发游客接受环境教育的欲望。利用红色节日、宗教节日、环境节日举办环境教育活动轰动市场，树立森林公园环境教育品牌。

4. 细节保障

细节保障主要包括三个阶段。

第一阶段：游前了解。森林公园应就"游客在森林公园内的行为准则、向游客提供的环境"等方面对游客进行游前教育，并向游客发放环保袋、环保宣传帽等环保物品，使游客具有环保意识，并成为宣传环境教育的载体。

第二阶段：游中监督与实践。森林公园应向游客提供完备的环境教育设施，森林公园的工作人员与志愿者在自身实施环境教育行为的同时须对游客的不文明行为进行监督与指导，从而引导游客在游览过程中接受环境教育，使其融入环境教育当中。

第三阶段：游后奖励与总结。森林公园可对具有突出表现的游客给予精神或者物质奖励，并将每一位的突出事迹放在翠屏山生态旅游环境教育网上。此外，可向此类游客发放环保相机、环保袋等物品，鼓励其他游客规范自身环境行为。

五、C市森林公园生态旅游环境教育展望

C市某森林公园的生态旅游环境教育规划要点可概括为：以点带面、以线串点、点面结合。

以点带面：三层理解。其一，视环境教育资源、环境教育媒介、环境教育项目为"点"，以"点"辐射全区域；其二，将环境教育分区视为"点"，重点建设若干分区，以该区的环境教育带动整体区域发展；其三，各教育分区中选择重点培育点，以其环境教育作用带动该分区主题环境教育发展。

以线串点：两层理解。其一，根据不同的产品特性与目标人群，将性质相近的环境教育资源与环境教育媒介，以串联、并联等形式连接而成环境教育路线，形成特定主题；其二，考虑分区间的联系，形成综合环境教育环线。

点面结合：三层理解。其一，将功能、性质较为相近的节点组合成团，形成主题不同的环境教育分区；其二，将森林公园环境教育的参与者，包括管理者、工作人员、游客、志愿者等个人，视作研究区域的"活动点"，以"活动点"覆盖研究区域，推进全局发展；其三，各种环境教育资源、媒介、项目与教育分区的发展方向与目标须和整个区域的环境教育目标、方向保持一致性，"面"统筹"点"。

统筹"点、线、面"之间的关系，是城市森林公园生态旅游环境教育基地在规划与实施时的重要考虑范畴，须在把握发展方向与建设目标的同时注重细节。

目前对森林公园生态旅游环境教育的研究方法比较少，故而本书仅选用了较为普遍的问卷调查分析法，分析深度不够，讨论不足，还有较多需改进之处。本书未涉及环境教育有效性的评价。环境教育有效性评价需在环境教育实施之后开展，但由于时间的限制，本书未进行环境教育有效性方面的后

续研究，对游客环境教育意识、环境教育手段、环境教育效果等方面无从得知。目前环境教育的内容主要是针对自然环境而设计的，本书扩大了在人文环境方面环境教育的设计内容，市场反响还有待验证。随着生态旅游的不断推进，生态文明建设的不断扩展，环境问题倍受重视，在今后生态旅游研究当中，多种生态旅游地的生态旅游环境教育必将得到更多的关注与研究，生态旅游环境教育的市场需求必会进一步加大。

第四章　森林公园生态景观规划与设计

自 20 世纪 80 年代起，我国开始加大对森林风景资源的科学保护力度，更加注重合理开发和可持续利用，走出了一条不以消耗森林资源为代价的林业可持续发展之路。大批森林公园的建设，大大推动了森林旅游产业的发展，缓解了保护与发展之间的矛盾。"十五"规划期间，我国森林旅游产业一直保持快速增长的发展态势。根据原国家林业局 2006 年公布的数字，2005 年森林公园建设继续保持稳步增长的态势。截至 2005 年底，全国已建立各级森林公园 1900 多处，规划面积 1500 万公顷（1 公顷 =10000 平方米）。

森林公园作为集"游览观光、休闲度假、养生保健、运动健身、科普教育与探险"为一身的特定场所，已经成为森林生态旅游的重要载体。我国森林公园旅游业作为新兴的绿色产业虽然起步较晚，历史较短，尚处在发展阶段，但是在国家林业主管部门的大力支持下，凭借我国森林景观资源丰富多样的优越条件，森林公园生态旅游迅速发展，成效也十分显著。2006 年全国森林公园接待国内外游客 2 亿人次，比上年增加 2 成。目前，我国共建立各类森林公园 1928 处，总面积 1513 万公顷，17 处森林公园被联合国列入世界自然文化遗产名录，10 处森林公园被列入世界地质公园名单，形成了国家级、省级和市（县）级森林公园相结合的全国森林公园发展网络，有效保护了我国林区多样化森林风景资源，满足了社会不断增长的生态旅游和人们精神文化消费的需求。

在森林公园的规划与建设方面的研究主要包括森林公园规划理论与技术研究和森林公园规划设计案例。比如，郑国庆、林永木等对森林公园娱乐设施规划与建设方法的探讨，吕忠义对森林公园总体规划理论与技术的探讨，战国强、许文安等有关城郊型森林公园规划设计的研究。森林旅游产品是一个整体的概念，就森林旅游供给方面而言，森林旅游产品是指森林旅游经营者为了满足森林旅游者在森林旅游活动中的各种需要，凭借各种旅游设施和环境条件向森林旅游市场提供的全部服务要素之和。从森林旅游需求方来看，森林旅游产品是森林旅游者为了获得物质和精神上的满足，通过花费一定的货币、时间和精力实现一次森林旅游经历,其中森林公园是提供森林生态旅游产品的主要载体。

第一节 森林公园生态景观规划理论基础

森林景观资源是具有游览观光休闲等价值的森林资源,其中包括森林植物、森林动物和组成森林的自然地理及人文环境。综合各方面因素,森林景观的内容包含以下几点:

①组成森林景观的或与某一森林景观相关的自然地理环境,如山、水、石等;

②区域性森林及其包含在内的动植物,包括区域性珍稀生物景观、濒危动植物、名贵花卉等;

③与地域环境有密切关系的气象景观;

④与某一森林景观密切呼应的人文、历史景观,如历史遗迹等。

一、森林美学理论

由于现代自然科学的迅速发展,美学与自然科学互相渗透,不仅影响人的艺术创作技巧,也对人的世界观、人生观、价值观、道德观产生影响,并相互融合形成审美观念。德国林学家沙列希早在1876年就出版了《森林美学》。他认为森林美化和经济目的并无矛盾,美学价值高的森林在经济上往往是最有效的,二者可以协调发展。在当代德国,森林美学和景观管理学已密切融合在一起,将生物多样性保护、土地利用等问题结合在一起考虑,研究森林、农田、居民区、道路、公共设施等各类景观要素的最优结构比例和合理镶嵌。

森林美在宏观上属于生态美的范畴,它包括丰富的表象与内涵,从表象上看,有形象美、色彩美、听觉美、嗅觉美、朦胧美等形式,从内涵上分,有生态美、意境美等。森林的美学价值源于人类的精神需求,概括地说森林美具有以下几个特征:充满蓬勃旺盛、永不停息的生命力;以生命过程的持续流动来维持;和谐性生命与环境在共同进化过程中的创造性。

森林公园规划建设、森林景观的培育与改善、森林旅游事业的经营管理都必须以森林美学理论作为指导。

二、生态伦理学理论

生态伦理学是生态学与伦理学的边缘学科,是研究人对大自然应具有的优良态度和行为准则的科学。生态伦理学要求人们承认自然界的价值和自然界有存在的权利，其实践要求是保护地球上的生命和自然界。其根本任务是为环境保护实践提供一个可靠的道德基础。生态伦理观可以归纳为以下几个主要观点：①自然界是一个统一完整的大系统；②自然具有价值；③自然具有权利；④人类对自然的平衡与发展负有责任；⑤人类应遵循生态伦理学的道德规范。

森林公园旅游产品开发设计和森林公园支持体系的规划等方面都要以生态伦理学理论作为指导。

三、环境与行为研究理论

环境与行为研究是探讨心理与环境之间相互影响的学说，着重讨论人的认知与环境的关系。"人依靠自己的行为接近环境，并通过对环境的认知，从环境中获得关于行为意义的信息，进而运用这一信息来决定行为方式。"该理论在肯定心理学有关"感觉"是认知行为的前提的基础上，强调人们对空间环境的认知体验的两个阶段：空间感觉和环境认知。可以说，环境与行为研究有关感觉与认知的论述是本书从人的体验角度来研究森林公园景观环境的基础理论。

环境与行为研究并不研究人能够适应何种环境的问题，而是要研究环境如何适应人的需要，强调人的需要行为对环境设计的指导作用，并且通过设计来提高物质环境的质量。莫尔在心理学家勒温的基础上提出了著名的人与环境关系的函数公式：$B=f(P \cap E)$，把行为（Behavior）看作是机体内在的需要（People）与外在社会——物质的需要（Environment）相互作用的函数，用（$\cap$）比作人与环境的相互作用，更加合理地解释了环境与行为的关系。根植于心理学的这一理论合理地奠定了"通过对环境的认知分析，寻求最佳刺激，再根据心理需求，去调整改善周围的环境"的基础。

四、可持续发展理论

历史的经验和教训告诉我们，落后和贫穷是不可能实现可持续发展目标的，要消除贫困，提高人们的生活水平，就必须毫不动摇地把发展经济放在首位。经济发展是我们办理一切事情的物质基础，也是实现人口、资源、环境与经济协调发展的根本保障。可持续发展的重要标志是资源的永续利用和良好的生态环境。自然资源的永续利用是实现社会经济可持续发展的物质基础。只有把经济发展与人口、资源、环境协调起来，把当前发展与长远发展结合起来，不以牺牲后代人的利益为代价来满足当代人利益的发展，节约资源、保护环境，才能为子孙后代留下更大的发展空间和更多的发展机会。

五、景观生态学理论

国际景观生态学会给出的最新景观生态学定义是它是对几不同尺度上景观空间变化的研究。无疑它是一门连接自然科学和相关人类科学的交叉学科。景观生态学以空间研究为特色，属于宏观尺度空间研究范畴。其理论核心集中表现为空间异质性和生态整体性两方面。一方面，从生态旅游定义的空间范围来看，生态旅游目的地包括自然保护区、风景名胜区、森林公园等，主要表现为山地、森林、草地、各种水域等景观生态类型。具体的生态旅游目的地就构成景观生态学意义上的"景观"，从而成为景观生态学的研究对象。另一方面，从生态旅游定义的生态内涵来看，生态旅游强调生态旅游目的地的生态保护，强调在生态学思想和原则的指导下进行科学合理的旅游开发。因此，在现代地理学与生态学结合下产生的既强调空间研究又考虑生态学思想和原则的景观生态学，与生态旅游的空间范围和生态内涵不谋而合，是生态旅游规划管理的理论基础之一。

（一）景观生态学的基本理论

1. 景观结构与功能理论

景观的结构通常用斑块、廊道、基质和缘来描述。斑块原意指物种聚集地。从生态旅游景观讲，斑块指自然景观或以自然景观为主的地域。廊道是不同于两侧相邻基质的一种线状要素类型。从旅游角度讲，廊道主要表现为旅游功能区之间的林带、交通线及其两侧带状的树木、草地、河流等自然要素。基质是斑块镶嵌内的背景生态系统。其大小、孔隙率、边界形状和类型等特征是策划旅游地整体形象和划分各种功能区的基础缘。缘又称边缘带，其作用集中表现为边缘效应。

景观的功能是指景观元素间能量、物种及营养成分等的流。景观功能的发挥主要涉及廊道、基质和斑块的功能特征。可以把旅游活动进一步解释为通过特定地点和特定路径的生态流。这种流集中体现于游客所带来的客流、物流、货币流、信息流和价值流。我国多数生态旅游目的地在长期的历史发展中形成了丰富的历史文化内涵，使得生态旅游景观的功能也表现出一定的人文性。

2. 生态整体性与空间异质性理论

由景观要素有机联系组成的景观含有等级结构，具有独立的功能特性和明显的视觉特征。景观系统的"整体大于部分之和"，是生态整体性原理基本思想的直观表述。景观异质性是指在景观中，对各类景观单元的变化起决定性作用的各种性状的变异程度，一般指空间异质性。异质性同抗干扰能力、系统稳定性和生物多样性密切相关，异质性是景观功能的基础，它决定空间格局的多样性。一方面，生态整体性和空间异质性在外部形态结构上，塑造和控制着生态旅游景观的美学特征；另一方面它也在内部功能意义上对生态旅游目的地的持续发展起决定作用，从而为我们深入理解这种功能并采取改善与强化措施提供理论切入点。生态旅游目的地持续发展的实质就是其地域内的生态整体性的动态维持与空间异质性的不断构建。

3. 景观多样性与稳定性理论

景观多样性主要研究组成景观的斑块在数量、大小、形状和景观的类型、分布及其斑块间的连接性、连通性等结构和功能上的多样性，可分为斑块多样性、类型多样性和格局多样性三种类型。一般认为景观的多样性可导致稳定性。

旅游生态系统是一种非独立性的景观生态系统。多种生态系统共同构成异质性的景观格局，形成具有不同旅游功能的旅游景观，使旅游景观的稳定性达到一定水平，从而保障景观旅游功能的实现。生态旅游景观的稳定性，不仅反映着自然和人为干扰的程度，而且是生态旅游目的地持续发展的必要条件和检验指标之一。

（二）景观生态学在生态旅游规划中的应用

景观具有明显的边界和视觉特征。整个地区的生态过程有共性。它所具有的稳定性是镶嵌体稳定性，是规划管理的一个适宜尺度。景观的经济、生态和美学这种多重性价值判断是景观规划和管理的基础。

景观生态学在旅游规划中的作用集中表现为两方面。第一给实践者提供理论框架，其中重要的是结构与过程的相互关联原理。第二为规划设计者提供一系列方法、技术、数据及经验。具体体现为以下三方面的内容。

1. 规划的基本思路和指导原则

在开发规划过程中应遵从的两大基本思路是景观生态整体性的保证和空间异质性的结构图式设计。指导原则包括整体优化组合原则、景观多样性原则、景观个性原则、遗留地保护原则和综合效益原则等。要在充分考虑景观美学价值的同时，以景观结构的优化、功能的完善和生态旅游产品的推出作为目标。尤其要注意根据特定的地理背景，分地段设计独特的生态旅游产品。

2. 功能分区与旅游生态区划

为了避免旅游活动对保护对象造成破坏，也为了对游客进行分流以及使旅游资源得到优化配置和合理利用，必须对生态旅游目的地进行功能分区与旅游生态区划。

　　功能分区是"对人们的旅游需求以及满足这一需求的地域平衡进行规划"。国外学者在 1988 年提出了国家公园旅游分区模式，即将其划分为重要资源保护区、低利用荒野区、分散游憩区、密集游憩区和旅游服务社区。该模式提出后被普遍采用。如何科学地确定分区界线，还存在一定的盲目性。景观生态学理论可以在这一方面发挥作用。可利用景观结构和过程的相互作用原理，即景观过程对景观空间结构的形成起重要作用，而景观结构对过程有基本的控制作用，主要结合地貌、植被、水文等特征进行分区，使各区的功能相对独立；同时，要参照结构规划中的景观格局来分区。

　　功能分区可以保护景观尺度上的自然栖息地和生物多样性，而且不危及敏感的栖息地和生物。景观多样性保护是生物多样性保护的拓展，包括对景观中自然要素和文化价值保护两个侧面。结合生态学和地段地理学两方面研究基础的"景观生态学"，可以为"分地段"保护生态系统多样性，进而保护物种和遗传多样性提供相应的理论基础。

　　景区生态容量，尤其是对游客数量的调控，是生态旅游目的地持续发展的重要内容。根据生态位理论，可以对景区中的游客、动物、植物优势种等的生态位进行研究，确定景区生态容量。游客的数量不能扰乱生物的行为、繁殖和生存，以促进景观尺度上生态系统管理，同时也应注意各功能区游客数量的平衡，可采取必要措施进行调控。

　　在旅游功能区内部进行的旅游生态区划，要在上述分区和景观生态系统本身固有的空间异质性的基础上，充分考虑旅游产业所需要的多种功能，主要依据一般生态区划原则进行。

　　3. 结构规划

　　功能的实现是以景观生态系统协调有序的空间结构为基础的。在进行旅游景观生态规划时，必须充分考虑景观的固有结构及其功能，如河流廊道、大的自然斑块等。在此基础上，选择或调控个体地段的利用方式方向，形成景观生态系统的不同个体单元，即为空间结构的元素基础。作为斑块的旅游接待区应既要方便游人，又要分散布点和适当隐蔽，不影响景观的美学功能，还能使斑块面积尽量减小而易于融入基质中。进行廊道设计时，应注意合理组合。景区要以林间小路为廊道，互相交叉形成网络，网眼越大，生态效益越好；网眼越小而异质性越大，则景观美学质量越高。廊道的规划设计要慎重，其作用不宜过于强调。连接各景区的廊道长短要适宜，过长会淡化景观的精彩程度，过短则影响景观生态系统的正常运行。要强化廊道输送功能之外的旅游功能设计，以增加游赏时间。

　　作为大面积游憩绿地的基质，则是生态旅游目的地的基调。以基质为背景，利用遥感技术和地理信息系统进行景观空间格局分析，构建异质性生态旅游景观格局。要分景区进行主题设计，策划旅游地整体形象，以体现多样性决定稳定性的生态原理和主体与环境相互作用的原理。应扩大生态旅游目的地的范围，并在其外围增加缓冲的边缘带。还要注意挖掘当地丰富的文化内涵，形成与自然风景相得益彰的资源格局，提高景区吸引力。

六、旅游可持续发展理论

旅游的可持续发展是全人类可持续发展行动的响应之一。旅游可持续发展是在保持和增进未来发展机会的同时，满足目前游客和旅游地居民需要的发展。其目的如下：

①增进人们对旅游带来的经济效应和环境效应的理解；

②促进旅游的公平发展；

③改善旅游接待地居民的生活质量；

④为旅游者提供高质量的旅游经历；

⑤保护未来旅游开发赖以存在的旅游质量。

与传统旅游研究相比，可持续旅游不仅具有明确的经济目标，而且具有明确的社会和环境目标，旅游业发展必须成为有益于当地社区协调发展的行业。可持续旅游规划将文化看成是旅游资源的重要组成部分，规划不仅强调自然、经济的可持续性，而且强调文化的可持续性。可持续旅游强调在旅游业发展过程中建立和发展其与自然及社会环境的正相关关系，削弱或消除负相关关系。但是旅游业经济利益与环境保护和传统文化保护需求之间的矛盾是客观存在和不可避免的，旅游规划需要在社会、经济和环境方面做出抉择，确定最佳方案。

七、人地关系协调共生理论

人地关系地域系统是以地球表面一定地域为基础的人地关系系统，也就是人与地在特定的地域中相互联系、互相作用而成的一种动态结构。它是多年来人类地域内人地关系作用系统的科学总结与概括。

从系统论的角度看，人地关系地域系统是一个复杂的系统，其生存与发展受到系统内外诸多因素的影响。它具有整体性、开放性及协调性的特点。协调人地关系的首要问题和关键问题在于处理好不同利益集团之间的利益分配关系；其次是人类对地理环境的开发利用必须限制在地理环境不受破坏且能够自动恢复的范围之内。

从生态学角度来看，区域旅游系统实际上是一个由有机复合体和旅游环境构成的特殊生态系统，我们把它称为旅游地人地关系系统。在旅游地人地关系系统中有机复合体是指旅游业中涉及的人或利益集团，包括旅游者、当地居民、旅游经营者以及本地政府管理决策部门。旅游环境是指除有机复合体外的与旅游业有关的一切设施和现象的总和，包括旅游资源、旅游容量、旅游基础设施和旅游专业设施等。以上两个要素系统相互作用的方式和程度关系到旅游地人地关系系统的正常运行。

人地协调共生理论对旅游规划有如下启示。

①合理控制旅游开发强度，统筹人与自然和谐发展，维护旅游生态系统平衡。旅游地开发的基础是旅游地丰富的自然和人文旅游资源，协调人与自然的关系应以维护其生态过程、维持旅游承载力和尊重生态价值为宗旨，最终实现区域旅游生态系统的平衡。

②加强旅游地人地关系系统与外部环境的交流，促进系统内结构的优化。旅游业的可持续发展实际上是旅游地域系统内及系统之间各个要素结构、地域结构不断优化的过程。这就要求旅游地域系统发展的同时依赖内部和外部的发展要素，在地域关联中求得系统的发展。

八、地域分异与区域分工规律

（一）地域分异规律

地域分异规律是指自然地理要素各个组成成分及其构成的自然综合体在地表沿一定方向分异或分布的规律性现象。

1. 纬度地带性分异

纬度地带性分异是指太阳辐射按纬度分布不均匀而引起气候、生物、土壤及整个自然景观大致沿纬度方向延伸而呈现出的递变现象。

2. 海陆地带性分异

海陆地带性分异是指由海陆相互作用引起的从沿海向大陆中心出现的干湿程度的变化的现象，并引起气候、生物、土壤及整个自然景观从沿海向内地出现变化的现象。

3. 垂直地带性分异

垂直地带性分异是指由于山地等海拔变化而造成气温、降水等的变化，并引起气候、生物、土壤、地貌水文等的相应变化。

4. 地方性分异

地方性分异是指由于地形、地面组成物质、地质构造等的影响表现出随着地势起伏、坡面不同而呈现出不同景观。

（二）区域分工规律

区域分工是人们在物质生产过程中以商品交换为前提的分工，生产地与消费地的分离、区域间产品交换和贸易是其产生的必要条件；各区域之间的自然、社会经济条件的差异是其产生的客观物质基础。区域分工表现为各个地区专门生产某种产品，有时是某一类产品或是产品的某一部分。

地域分异规律实际上已经说明了旅游资源分布的地域性，这不仅表现在自然景观上，还表现在人文景观上，因而在旅游开发与规划中，旅游开发的方向、方式及战略等都有所差异。

区域分工规律则表明经济活动具有地域性，旅游经济活动同样具有地域性。在各地发展旅游业时，要充分考虑自己的优势旅游资源和有利条件，以最小的投入、最少的劳动消耗获得最大的效益，避免资金、资源、物质和劳动力等方面的浪费，这就要求旅游规划要坚持扬长避短、提高效率的原则。

（三）地域分异规律与区域分工规律在旅游规划中的应用

1. 突出特色，发挥优势

各地都可将其资源分为优势资源和劣势资源，在优势资源中往往可以找出代表本地特色的资源。"特色"是一个地方旅游发展的生命线，是旅游发展的物质基础，反映在旅游产品上即是"人无我有，人有我优"，只有这样才有吸引力，才能激发游客的旅游动机，吸引游客。

2. 合理分区，有机整合

各地资源环境不同，在旅游发展的职能分工上就应该有所不同，所起的作用就应该有所差异，这是旅游规划进行空间布局的基础。

九、美学原理

旅游是现代人对美的高层次的追求，是综合性的审美实践。旅游规划的任务就是在现实世界中发现美，并按照美学的组合规律创造美，使分散的美集中起来，形成相互联系的有机整体，使芜杂、粗糙、原始的美经过"清洗"，变得更纯粹、更精致、更典型化，使易逝性的美经过创造和保护而美颜永驻、跨越时空、流传久远。美的最高境界是自然的意境美、艺术的传神、社会的崇高和悲壮美，这也是旅游规划中所追求的最高目标。旅游空间和景物学特征越突出，观赏性越强、知名度越高，对旅游者吸引力就越大，在市场上竞争力也就越强。旅游规划实践就是创造出人间优美的空间环境和特色景物，使旅游者在美好事物面前受到感动和激励，得到美的陶冶和启迪，使思想更加开阔、品格更加纯洁，在精神上得到最大的满足和愉悦。

十、生态环境保护理论

生态学最初研究的对象是自然界的生态系统，这种生态系统是由生产者、消费者、分解者以及非生物成分组成的。生态系统各个要素之间是相互联系、相互制约的。要维护一个生态系统的运转，必须使这个生态系统的结构与功能处于良好的状态，具有一定的自我调节能力，能够经受各种因素的干扰。

旅游环境是生态环境中的一部分，旅游不可避免地涉及生态环境中的生态系统，因此在旅游规划、开发与管理的过程中必须重视生态环境保护的原理并自觉加以运用，充分考虑环境承载力、生态环境的保护及景观规划与维护等。

十一、旅游区位分析理论

旅游区位论的研究始于 20 世纪 50 年代，克里斯塔勒首先对旅游区位进行研究。他从旅游需求出发，却忽略了旅游供给等因素，最终没能建立起一个旅游应用的理想空间模式。直到美国学者克劳森提出旅游区位指向以及德福特提出旅游业布局原理后，旅游业的区位理论研究才有了实质性进展。旅游规划的区位研究应侧重于以下几个方面。

（一）区位选择

区位选择主要指选择什么样的地域，旅游区地理位置如何、有哪些区位优势、面向怎样的客源地，接待地与客源地之间空间相互关系是互补性还是替代性，可达性如何。其目的是为旅游活动确定最佳的场所。区位选择是一个动态过程，有次序性、等级性，从而形成范围不同、等级有异的旅游区域。

（二）旅游交通与路线布局

旅游交通与路线是联系旅游区与客源地的旅游通道，其布局研究与实践是实现游客"进得来、散得开、出得去"与物资及时供应的前提和保证。

（三）产业规模与结构确定

产业规模与结构确定主要指旅游活动中"六大要素"（吃、住、行、游、购、娱）的空间布局，最终确定合理的空间结构和规模。

（四）地域空间组合结构研究

地域空间组合结构研究主要包括区域分析与区域模型研究、旅游区等级系统划分与功能区分研究、旅游项目与基础设施的空间安排研究、旅游基地建设及它们在一定空间范围内的最佳结合研究，最终形成以旅游基地为中心、有不同等级空间组织结构的旅游区。

（五）位置的选择方法研究

位置的选择，不仅要依赖旅游区位理论，而且要依赖研究者、规划者、经营者的经验。通过可行性研究，包括投资的销售策略，市场区位的社会特征、经济特征、交通设施，所选择位置的自然适宜性等，确定分析法。

人地关系协调共生理论、景观生态学理论和可持续发展理论作为生态旅游规划的三大理论基石，成为生态旅游规划发展的理论基础。但是，仅有这三大理论的指导显然是不够的，随着生态旅游规划的不断发展，必须对已有的理论进行深化、补充和完善，并且不断借鉴其他相关学科的研究成果，寻求新的理论突破，才能更好地指导生态旅游的实践。

第二节　我国森林公园生态景观规划设计中存在的问题

一、森林公园的发展规划问题

一些森林公园在规划设计中过分强调突出公园特色，而破坏其原汁原味的特色。森林公园不是城市公园，而与风景区有更多的共性，有学术界共识的规划原则和内容要求。所以森林公园的发展规划不能按照建设城市公园的规划方法来进行，同时也不能盲目追随风景名胜区的规划模式。而是要对森林公园发展规划有充分认识，规划才能符合森林景观特色。另外，缺乏健全的森林公园设计规范和管理法规，也会使景观规划与开发出现偏差。

二、城市化问题

人们趋向森林，寻求"生态旅游"，就应该维持森林公园的自然形态和环境内涵。但从目前的情况来看，森林公园的景观设计城市化情况明显，常把城市中的娱乐项目搬到森林公园里。更有甚者，在宝贵的阔叶天然林中规划开发成片的别墅；公园中的干道用公路的标准规划建设；建筑不是结合地形依山就势，而是人造平地，规整布局，破坏自然环境。

三、开发强度问题

目前的森林公园规划和建设，存在强度过大的现象，如修建的道路公路化、设施大规模化、天然林的开发等，对森林公园生态环境的破坏不容忽视。

四、游览、生态与森林采伐问题

多数森林公园是由国有林场转变而来的，虽有多种构成成分，但主要以人工用材林为主，常要年年采伐。受森林经营方案影响，缺少深度的美学指导而被成片采伐时，原有的林区就会出现成片的多年空白，在环境上、景观上、心理上都让人感到不平衡。

五、环境保护问题

森林公园都是集中了森林中优美景观的地域，常有林、峰、石、溪、瀑、古树名木、珍稀动物，甚至有一定的历史文化。但就目前的情况来看，往往环境最好、景观最佳、水资源优越之处却是林业工区和职工生活用地。其被开辟为森林公园后，游人的活动和相应的商业活动，会对环境造成负面影响。

第三节　我国森林公园生态景观规划设计的发展趋势

一、从观光型向参与体验型发展

受国情与国家政策的影响，大多数森林公园都是由国有林场或自然保护区转变而来，具有一定的森林风景资源和环境条件，可以开展森林旅游，并按法定程序申报批准的森林地域。受传统景观规划思想的影响，以往森林公园的景观规划设计大多以观光型景观为主，注重视觉环境质量影响的应用，着力于景观造型、体量、色彩、空间层次的设计。而现阶段由于受人与自然关系的日益紧密结合的影响，景观规划设计更注重人的参与行为，把人的视觉、听觉、嗅觉、触觉、动觉全面调动起来，通过增加森林趣味性与刺激性，激发生理上的舒适感、快感，使森林旅游不仅是欣赏自然美景，更是一种生活情趣的返璞归真，让游客得到全方位的身心享受。

二、从人工景观向生态景观发展

现有景观大都以人工景观为主，大量采用人工建筑，自然景观只是作为背景。生态景观设计则是运用生态伦理学的观点，把人、动植物、自然环境等视为大自然中相互平等的组成成员。景观规划设计以尊重自然、保护自然资源、维护自然生态平衡为必备前提，关注生物多样性的保护问题。具体措施有设计生态建筑、恢复地带性植被景观、对资源进行循环利用等，以及通过植物的选择建设引鸟、引蝶等生物景观。

三、从单一景观向整体多样化景观规划发展

整体设计要求对森林公园景观进行全面分析和设计，是多目标多功能的

设计。整体设计既为区域内的风光进行设计，也为森林公园内影响景观的保护、管理工作等进行设计。它将取代孤立地对某一景观元素进行设计而忽略其他因素的单一景观规划设计。

四、从盲目追求大而全向主题特色公园发展

森林公园在早期的景观开发设计中，对景观资源的平等对待现象导致了把任何景观与旅游项目都列入规划中，形成了主题分散、杂乱无章、毫无特色的景观组合。经过十几年的摸索总结，景观规划设计已逐步走出大而全的误区，规划更讲究对森林公园资源特色评价和客源特点的分析，以此来确定森林公园的主题和个性。在规划设计中全面围绕主题，从风景、道路、植被、人文等方面出发，公园的保护、管理、服务等环节都紧扣主题展开，使公园景观主题得以充分体现，形成独具特色的景观。

五、从功能理性向公众参与性发展

景观规划设计作为一门预测与实践专业，少数专家的功能理性分析方法，在复杂而多元的社会现实中难以做到全面和公正。对景观规划设计和管理者而言，在规划设计过程中聆听市民的呼声与建议是获得社区信息的良好手段，多种价值需求的认识也给设计者提供了更多可以供理解消化的信息，为设计灵感的产生提供了更多的刺激元。对于景观规划的使用者而言，公众参与给了其机会以表达和实现自身对未来周围环境的期望。多元的社会群体，特别是少数人的意见被采纳，可以增加人们对未来规划设计决策的信任感和喜爱程度，同时也促进了人们对景观的理解和人们素质的提高，从而发挥了景观规划设计的教育功能和保护功能。

第四节　森林公园体验化景观规划设计

营造体验又称设计体验，是指在森林公园景观规划设计中通过森林景观、地质地貌景观、水域景观等设计元素营造各种不同的体验空间或氛围，从而使人们获得丰富多样的体验感受。人们通过自身的体验认知外界的物质环境并且与外界发生信息交换，而这种信息交换的过程同时激发人们的情绪和感受，使人们能够更进一步地理解和认识所处的环境。体验过程实际上就是获取、编辑信息，并与外界交换信息的过程。人们在体验的过程中从景观的感性世界转化为意向的情感世界，然后进入某种意境，即主体让客体在心中自由徘徊，最后达到物我两忘、物我交融的自由和谐的心灵化境。

营造体验过程，一是从直接体验出发，强调游客的切身体验，涉及视觉、听觉、嗅觉、触觉等感官方面的设计。二是从功能出发，强调吃、住、行、游、购、娱六个方面。本书主要从直观体验出发进行研究。在心理学中有一个冰山理论，其内容是说，在人类全部的思维活动中，处于意识层面之上的只占5%，而潜意识占有95%的份额。在特殊外力的作用下，处于潜意识层面的东西可以被牵引到意识层面。为了激发人们蕴藏着的巨大潜意识，在设计时所要考虑的主要因素就是如何调动我们所熟悉的感官行为：注视、聆听、嗅闻、品尝、触摸等，最大限度地满足人们的感官活动。笔者在这一章节对森林公园体验化景观规划设计做仔细的分析。

一、森林公园中的体验类型及其感知方式分析

在城市中生活的人们，受到外界不利因素，如环境污染、生活压力等的消极影响，更向往自由、开放的自然环境，追求自然之美。森林公园给人们提供了丰富的审美快感和享受。正如西蒙兹所认为的那样，无论一个地区的自然景观特征是什么，无论它使我们产生的心境是愉快、悲伤、胆怯，还是敬畏，我们在欣赏全景的完整与统一时都能体验到一种真实的快感。

（一）森林公园中的体验类型

1. 娱乐体验

在娱乐中人们通常会乐意获得这样几种感受：趣味、愉悦、猎奇、冒险、兴奋、刺激等，为了能更直观地理解并获得这些感受，下面将结合实例做进一步的说明。

（1）趣味和愉悦

娱乐活动能够使人们参与其中并给人们带来身心的愉悦。在森林公园登山、放风筝、观看民俗表演等都是非常有趣的娱乐活动，不但参与者自己获得身心享受，也给旁观者带来乐趣。森林公园能够提供足够的空间与自由：人们能在其中奔跑、欢跳、叫喊和大笑；能接触和探索大自然里各种生趣盎然的事物。

（2）猎奇和冒险

山野环境与日常生活大相径庭，旅游者离开了满是高楼大厦的城市，怀着恬静的心情步入大自然的怀抱，看到的是蓝天白云，青山绿水，一片生机盎然的景象。另外自然界的岩石和水的动势形成的跌水和瀑布，不仅可以供人观赏，还成为许多年轻人冒险的场所。但登山的乐趣经常是伴随艰苦而来。想爬山的人要有心理准备接受大自然的一切：要享受微风轻拂，也要承受狂

风暴雨；要欣赏高山上艳丽的花朵，也要接纳刺人的灌木；要聆听鸟雀鸣唱，也要忍耐缠人的昆虫。

（3）兴奋和刺激

艾利斯说过："玩耍是一种寻求刺激的行为，儿童是为了得到刺激而玩耍的。"人有寻找刺激的天性，富有冒险挑战的天性也是人类不断前进的动力之一。例如，在森林公园内参与密林漂流探险，体验"水上过山车"的动感刺激与"林中滑翔"的畅快淋漓。在山溪穿梭飞驰之际难免全身湿透和受到猛烈的撞击，这就需要参与漂流的人们有较强的身体素质和心理素质。这种惊心动魄的经历往往给游客留下难忘而美好的回忆。

2. 教育体验

在教育体验中，游人不是像在严肃的课堂里被动地接受知识，而是以寓教于乐、寓教于游的形式，在积极参与的过程中领会学习的快乐。

由于森林公园具有完整的森林生态系统，栖息着各种动植物和微生物，保存着各个历史时期形成和遗留下来的地质遗迹、自然现象，人们通过游憩活动与大自然接触，亲身体验和观察，直接在大自然中找到教材和答案，这比任何一种学习方式都更生动、更持久、更有效。森林公园独特的自然环境和人文气息，往往成为建立学生第二课堂的理想户外培训基地。中小学生可以通过自然科普夏令营、假日野营等活动，理解认识食物链、生态系统的演替、野生生物的习性、生存条件和空间以及一些自然现象与过程。游客也可以通过导游、牌示、文字材料、标本馆、宣传手册等，获得生物学、地学、天象、水文、生态等自然知识。因此森林公园可以说是开展自然教育、普及自然知识的最佳"课堂"。森林公园里优美的环境也为游客认识自然提供了一个真实的场所，培养人们对自然的热爱与兴趣，同时游客也体验到大自然的奇妙无穷、变化万千。

3. 避世体验

森林公园是物质生产发展到一定水平的产物，既是必然的，也是必要的。某种程度上森林公园可供人们暂时脱离现实，获得由内而外的放松，体现出对人性的关怀。但是避世体验不是单纯地寻求忧郁和沉静的浪漫或者如中国古典文人在园林的渔隐和避世。在避世体验中，实际上人们追求的是两种心理感受：一种是逃避城市喧嚣的烦扰与不安；另一种是寻求自我和隐私感。

在中国传统文化中，隐遁山林之中的"高士"，远离一切尘嚣，把自己的心灵和情感寄托于山水之中，"梅妻鹤子"，也不会觉得孤独。心理上的缓解和精神上的补偿，使这些游客希望通过逃离城市，在纯朴的自然环境中放松自我，与自然融为一体，从而达到自由、超越和解脱的精神状态，这种体验成为游客寻找精神家园和实现梦想的一种方式。在与自然零距离接触中，可以使自己在相对淳朴的人际关系中放松自我；在恬淡、与平常生活相隔绝的田园世界中把自己从日常的紧张状态中解脱出来；在无牵无绊的状态下，使自己的身心自由融入这片纯净的世界，最终得到彻底解脱后的舒畅、愉悦。要为游客带来良好的避世体验，一定要保持自然风貌，为游客营造一种纯朴、轻松、与世无争、远离凡尘的氛围。

4. 审美体验

日本美学家今道友信认为：无论谁，都有美感和对美的思索。通常把这种美感和对美的思索称作美的体验。人们对美的感觉与追求，是由内心自发的一种情感，是一种自由的感觉。审美体验同样是一个感知的过程，达到心灵深度的感动，从而产生种种印象、感受和体悟。森林公园审美体验包括优美和壮美、崇高和怪异、现代和蛮荒3种心理感受。

（1）优美和壮美

优美指秀美、阴柔、婉约之美，壮美指阳刚、雄伟之美。这是人类对自然景物，包括森林景物一个基本的审美定格。产生优美和壮美这两种审美范畴主要是由森林景物的大小、粗细、高低、宽窄等因素决定的。当森林景物的大小、形质同心理结构相吻合，产生同频共振时，人便油然升起一种愉悦和感动，这便是优美。当大尺度、大范围地形的森林景物，强烈对比的森林景物超过人的心理预期，给人以视觉冲击，使人心胸开阔，产生新奇感，这便是壮美。壮美是人对自然景观，包括森林景观的最基本心理体验和审美范畴。当下人们涌向黄山、武当山、张家界，涌向中甸、玉龙雪山、九寨沟，难道不就是摆脱长期审美定势，去领略崇山峻岭和森林苍茫的大美、壮美吗？无论是古人黄庭坚对蜀南竹海赞美的"壮哉，峨眉姐妹尔！"感叹，还是现代人徐凤翔对西藏森林发出的"壮丽，西藏森林！"赞美，虽逻辑起点不同，但心理体验却是一致的。

（2）崇高和怪异

向上的直线极容易引导人的崇高体验。树干的向上直立正好提供这样一个客体。尤其是大树、古树，树干高大，稳定感强，不管风吹雨打，傲然挺拔，能给人以独立、挺拔、崇高的美感。森林树木的这种崇高美，从先民对森林树木的恐惧和崇拜起便打上烙印。屈原在《九章·橘颂》中借橘表达"独立不迁""横而不流"的崇高精神。历代诗人对松、竹、梅的礼赞，以及现代人对树木的敬畏，体现了崇高美的延续和经久不衰。

森林树木有崇高美，而其怪异美也不被人忽略。大量的灌木、矮草，其形态横斜、曲卧、攀缘、匍匐以及缺陷、腐朽、丑陋，仍是一种普遍的生命现象。对此，中国的文人、诗家总持宽容和肯定的态度。司马光曾赞梅之美为"曲尽梅之体态。"现代诗人曾卓的《悬崖边的树》、石祥的《骆驼草》等，均以扭曲、变形、怪异形态为审美对象。直线和曲线、完整和残缺、新生同腐朽、美丽同丑陋，正是生命进程中正反两面、自然界万花筒的多样统一。人，一方面要礼赞独立，倾吐胸中块垒；另一方面，又要讴歌扭曲，观照自身。人在生命进程中同样有扭曲、变形、缺陷和怪异。树木的扭曲、变形、缺陷和怪异恰好成为直观的中介。哲人说过，高贵者最愚蠢，卑贱者最聪明。从卑贱者身上，人们将读到的无私、奉献和真正的高尚。

（3）现代和蛮荒

讨论森林的现代美是困难的，因为现代美是一个动态的历史意识，又是一个宽泛的审美意识。当然，这里讨论的森林的现代美，指的是人对森林的现代体验，是现代审美意识、情趣、理念与森林的某种契合。

显然，现代人不能在现代公园、园林中体验到现代美，因为现代公园内的草坪设置、树木排列都明显留下几何线条和理性痕迹。现代人也不能在人工林中体验到现代美，因为人工林简单重复，整齐划一，缺乏自由自在的美学氛围。现代人能够体验到森林的现代美，其审美对象只能是原始森林，包括自然保护区的森林，未经染指的森林公园。

原始森林是一个完整的森林生态系统，代表这地域概念的顶级群落体现生态进程的最高水平。原始森林物种多样，层次复杂，结构稳定，野生动物结集，呈现原生态的生命情趣。原始森林应当是成熟林和过熟林，大树挡道，古木参天，被压木夹杂其间，苔藓附着，老藤缠身，攀援植物寄生，枯枝残叶和地表厚厚的地被层，还有枯立木、风折木、腐朽木，简和繁，直和弯，古和秀，枯和荣，构成原始森林独有的古老美、厚重美和蛮荒美。

长期被城市包围的人们，早已对机械制作的生硬呆板、简单划一的产品产生厌烦。人们渴求绿色、参差、荫凉，渴求宁静、平和、安详，渴求自然、自由、自在，而能提供这些体验的，唯有偏僻的山地和呈原始状态的森林。原始林呈现的一切，同现代城市的景象正好相反。这里一切都呈非对称、非规划的自由自在，这里铺天盖地充满着生命的情趣、野性和本真。人们不远千里，蜂拥到深山丛林蛮荒僻壤，其目的只有一个：摆脱现代性又寻找现代性。原始状态的森林正提供这样一个直观中介。人们从偏僻、原始、蛮荒的森林中，读到经典、浪漫和时尚。在新鲜与古旧、潮流与经典、现代与蛮荒之间，原生态的森林为人们提供一个最佳的观赏模式和生存状态。

（二）森林公园体验感知方式分析

森林公园中，游人通过眼、耳、鼻、皮肤等不同的方式感知周围空气的容积，各种不同的素材——土壤、岩石、水、植物、细部等随着自身变量差异与人类活动节奏、自然生态循环等因素的变迁而与人们进行着不一样的互动。此时，森林公园景观设计的目标上升为营造一处合意的场所，并在感觉的相互作用中帮助感知者形成舒适、连贯、动人、有意义的意象，以实现良好和谐的体验。作为感知与活动的主体，人们对环境的认识和体验正是其对环境形式、性质的需求与渴望的反馈。人们主要通过三种感知方式获得对环境的体验：一是对环境形体的直观体验——"五觉"感知；二是在环境中的运动体验——时空感知；三是由环境的体验而产生的推理与联想——逻辑感知。三种方式相辅相成，互为交织，其感知内容是森林公园环境景观体验及其规划设计应用的认识基础。

1."五觉"感知

（1）视觉

在人—境互动中，外界形态对人的视觉器官进行刺激，使人在大脑皮层相应区域形成一条兴奋曲线。它向视觉区伸展，唤醒视觉、知觉和表象，形成视觉形象；它向语言区域伸展，唤醒相应的概念、观念，并融入视觉形象；它向皮下组织伸展，激活相应的情感，也融入视觉形象中，即在知觉产生的同时，会产生某种积极的、消极的或中性的情感体验。假如情感体验是积极的，就会对知觉的对象产生某种喜悦、爱好，对它的点、线、面诸条件构成的整体形象觉得悦目，产生审美知觉，随后又产生"美的情感"体验。不同区域的现实存在对主体的情感和精神起作用，首先是通过视觉来完成的。自然山川给人以十分美妙的印象。游人站在山顶眺望远处山峦重重叠叠，云雾滚滚，风雨晦明之变幻的自然力、山势，激发心灵之美。行走在山谷之中，两壁峻峭悬崖，气势磅礴，拔地几百米，其深奥亦感人肺腑。没有视觉感悟就无法阐述审美场的地点、空间和对象。

（2）听觉

虽然听觉接收的信息远比视觉少，其作用不如视觉来得直接和快捷，但随着社会发展，人们要求的提高，运用听觉作为感知户外空间环境的辅助手段也显得越来越重要。无论是人声嘈杂、车马喧闹，还是虫鸣鸟语、竹韵松涛，都能有力地表达环境的不同性质，烘托出不同的气氛。一些特定的声音信号，如教堂钟声、工厂汽笛、校园广播等，远近相闻，有如召唤，能成为听觉探索的引导，唤起有关特定地点的记忆与联想。

（3）嗅觉

嗅觉虽不如视觉和来得敏锐，但在日常生活中却会给人们增添情趣和变化，也是不争的事实。嗅觉也能加深人对环境的体验。森林公园和风景区都具有充分利用嗅觉的有利条件：花卉、树叶、空气加之微风，常会产生"香远益清"的特殊效应，令人陶醉，有时还可以建成以嗅觉感知为主的景点。此外，不同的气味还能唤起人对特定地点的记忆，用以作为识别环境的辅助手段。

（4）触觉

接触感知肌理和质地是体验环境的方式之一。可以说，质感来自对不同触觉的感知和记忆，特别是儿童，亲切的触觉是生命早期的主要体验之一，如摸石头、栏杆、花卉、灌木等。创造既安全又可触摸的环境，对儿童的身心发展具有重要的意义，如用不同铺地暗示空间的不同功能，或用相同的铺地外加图案表明预定的行进路线等。不同的质感，如草地、沙滩、碎石、积水、厚雪、土路、廊道等，有时还可唤起不同的情感反应。

（5）动觉

动觉是对身体运动及其位置状态的感觉，运动方向、速度大小、身体位置和支撑面性质的改变都造成动觉改变。例如，水中的汀步，当人踩着不规则布置的汀步行进时，必须在每一块石头上略做停顿，以便找到下一个合适的落脚点，结果造成方向、步幅、速度和身姿不停地改变，形成"低头看石，抬头观景"，动觉和视觉相结合的特殊模式。如果动觉发生突变的同时伴随特殊的景观出现，突然性加特殊性就易于使人感到意外和惊奇。小尺度的园林中的"先抑后扬""峰回路转""柳暗花明"都是运用这一原则的常用手法。在大尺度的风景区中，游人动静结合，调动运动觉，跋山涉水、穿桥过洞，才能寻幽探险。许多山水风景中都有"一线天"景观，这就要求游客爬过去、钻过去或者侧身挤过去，这也是体验动感的一些特例。在景点游览路线设计中可利用山路转折、坡度变化（如连续上坡后突然下坡）和建筑亮相的突然性，达到充分体验动感目的。

除上述五种主要感觉外，人对温度和气流也很敏感，盲人尤其如此。凉风拂面和热浪袭人会造成完全不同的体验，温觉反差往往是造成避暑或避寒的游人流动的原因。现代城市空间绿色资源稀少，加之热岛效应明显，夏季酷暑难耐，相比之下，森林公园有大面积的绿色资源，空气清新，温度和湿度都比城市街区低，由此带动了森林公园夏日清凉游和休闲度假。

2. 时空感知

室外环境的体验依赖于时间的运动性。创造室外环境的活动本身即需经历时间的过程，而建成之后的环境依旧沐浴在时间的河流之中，昼夜的光阴、四季的光阴、历史的光阴都会投射到空间中。对于使用者而言，游历室外环境的过程便是一种时间体验。对于森林公园来说，时空感知一般可以从三个方面体现。

（1）植物引起时空感知

植物总能与时间保持同步，它们随着时间的变化呈现出相应的形态与色彩，人们在欣赏这些植物的形态和色彩的变化时，无疑就领悟到了时间这一向量。比如，春天，乍暖还凉，春意萌动，柳枝发芽，百花竞放；夏天，浓荫蔽日，树木苍翠欲滴；秋天，且不说挂满枝头的果实，就是那红得透亮、黄得晶莹的树叶也是着实惹人爱怜的；冬天，银装素裹中，星星点点几株梅花，傲雪怒放⋯⋯这一切都利用植物材料来达到表述时间的目的。

（2）四时变化引起时空感知

昼夜更替、朝霞晚霞、日出日落、月亏月盈、阴晴雨雪、四季交替乃自然界不断更迭、不断发展的规律，其为人类社会带来了丰富多彩、生动有趣的景致，使人感受到时间带给人的美的享受。

（3）历史文脉引起时空感知

一些设计中会保全场所先前使用的元素，特别是人们频繁使用的素材（如一个座位或一条门槛），或者激起深深感情的素材（一个十字架、一座坟墓、一棵古树）等，新旧对比，易于感知时间的纵深感。例如，某些过去场址的局部可以改为新的使用功能，或者使用的材料经历风吹雨打仍然不失其本色等。

3. 逻辑感知

逻辑感知是由环境的体验而产生的推理与联想，它是观赏者通过对景观中的各种要素所呈现出的视觉、听觉、触觉等方面表象信息的接收，经过大脑复杂的整理加工等，重新唤起对过去的知识和经验的记忆，从而达到对环境整体的理解和把握。对环境的逻辑感知是一种理性的思维过程，通过这一过程才能做出由视觉感和时空感得到的对环境的评价，也是人直接对环境体验之后的反馈，因而它是森林公园景观设计的重要一环。按思维形式又可将逻辑感知分为推理和联想两部分，前者有利于从整体到细部系统地感知环境，后者则为通过眼前之物催发他物的心理过程。其中，联想的激发是逻辑感知中最重要的方式。

（1）关系联想

关系联想是由于事物的各种联系而形成的联想，它包括部分与整体、原因与结果等关系联想。比如，"观一叶落而知天下秋"以及由泉水淙淙而联想到"泉源幽境"和汇而成潭的情趣等，均为部分与整体的关系联想。而"有水必有源，有声必有鸟"等，都是人们从经验中建立起来的因果概念，我们可以充分利用这种视、听、嗅、动的感官效应来形成丰富的联想构思。

（2）相似联想

建筑外部空间环境研究这种联想是由一件事物的感知或回忆而引起与它性质和特性相似的回忆。比如，依据蓬莱三岛的神话传说而有三岛"仙境"的构思，等等。

（3）接近联想

接近联想是指在时间、空间上接近之物，在人们的经验中容易形成联系，因而也容易由一件事物想到另一件事物。日本的"枯山水"庭园，用石块象征山峦和岛屿，用白砂耙成流转的平行曲线来象征海潮，会让人感受到潮涨潮落的景观和海风飒飒的风情。

（4）对比联想

对比联想指由某一事物的感知回忆而引起和它具有相反意义与特点之事物的回忆。比如，柳宗元被贬永州后建有"愚园"，园中更有"愚谷""愚丘""愚岛"等，可见作者意在其反面，而"拙政园"取"拙者之为政"，实为异曲同工之作。

（5）象征意义

所谓象征，是由于人们对事物的记忆及联想，久而久之，则几乎固定了该事物的专有表达方式，逐渐建立了事物的各自象征。于是对具体的事物与抽象的概念也往往用具有这种意义的事物来表达。比如，中国用"月圆"来象征团圆、美满。古时用石榴和蝙蝠来装饰室内陈设，就是取其"多子多福"的象征意义。而在色彩方面，这种象征意义更是司空见惯。比如，红色象征热情、活力，绿色象征和平、生命、青春，紫色意味高贵、优雅，白色象征纯洁，等等。

二、森林公园体验化景观规划设计方法

建立体验线索，激发人们感觉的能动性，创造可感受的空间或环境这样才能获得所谓的"蝴蝶效应"，即由一个小的变量引发出一连串连锁的反应。正如拉特利奇所认为的，当设计对人们所追求的目标提供支持时，人们才会按照设计所鼓励的方向去行动。

（一）视觉设计

景物首先通过视觉感观进入主体的体验世界，那么，符合视觉的审美规律便是资源体验特性的首要组成。自然景物以它的总体形态和空间形式形成特有的形象美，勾起想象，形成联想体验的基本要素。

1. 文化景观

文化景观通过方方面面的元素来吸引人。文化景观有时是有形的载体，有时是一种无形的精神、气氛等。在体验设计中，进行文化景观设计，主要是特化、强化、异质化，让旅游者在不同的文化环境与氛围中享受文化的熏陶。

2. 环境景观

对于旅游地而言，环境景观是旅游审美体验的主体，包括地貌景观、生物景观、气象景观、天文景观等。在设计中，设计者的主要任务是发现、挖掘、提炼、提高、命名、解译、展示。在这一系列规划设计工作中，必须熟知游客心理、民族文化，做到雅俗共赏。尤其要把环境（物质的）与文化道德伦理（精神的）结合起来，使游客在享受审美体验的同时，也能享受教育体验与娱乐体验。

3. 视线走廊

要使游客保持一个美好的感觉，有些地方需要贯通，有些地方需要遮蔽，但总体是形断神不断。比如，传统设计中的线路组织，要让游客在游览过程中有一个完整的体验过程，犹如音乐史诗般有序、起迭、渐变、高潮、尾韵等完整的符合心理审美要求的景廊系列。

（二）听觉设计

"何必丝与竹，山水有清音"使人感到平和舒畅；"蝉噪林逾静，鸟鸣山更幽"使人感受到寂静的存在；"三尺不消平地雪，四时常吼半空雷"使人感到情绪激昂。

声景元素包括自然界所具有的声音和人工之音。自然界的声音有风声、雨声、瀑布之声、流水的声音、虫鸟鸣叫的声音、鸡犬鸣吠的声音等。人工之音有人工处理的假山之中的流水的声音、各种嘈杂的声音、寺院钟声、现代科技利用电子设备模拟的公园背景音乐及其他声音、音乐喷泉的混合音等，人本身发出的声音也在此范畴之列。

1. 反噪声

景区最大的声音除了自然界的声音外就是游客的声音，二者都有可能成为噪声。如自然界单调持续的高分贝的流水声、高峰日游客集中区的喧哗声都将成为噪声。据研究，植物具有消声作用。景观设计人员可应用其原理，利用植物配置来减少环境噪声。应在考虑人们审美的同时，横向上尽可能增加树木的数量，纵向上考虑多类型的植被，树木、灌木、草坪应合理分配，错落有致。

2. 表演性的声音

在公共或特殊场所，可以设计一些鸟鸣声，以增加景观中的活力及生命因子。在组织表演性活动中，常犯的错误就是高分贝的噪声，而很少使用自然的或仿自然的声音，来缓解人工造景的压力。

（三）嗅觉设计

嗅觉设计要以清爽、清香、清甜为目的。在以往的传统设计中，尤其是景观规划中，都强调的是硬质景观的设计，而嗅觉体验往往被忽视。实际上，在体验设计中这也是非常重要的设计要素。

山林旷野中树木花草的枝叶和花，不仅能美化环境，还能散发出沁人心脾的香气，给人一种嗅觉美的享受。在森林世界里，除空气清新外，树木、花草清香扑鼻，诱使人去体验，使人通过嗅觉，得到美的享受。在风景林体验设计中，更新造林时，仿照自然植物群落结构来营造人工植物群落。植物景观规划在注意季相搭配时，考虑具香味树种，采用自然式种植，便于同周围环境相协调，丰富景观。

（四）触觉设计

1. 脚、手、全身心的触觉

最典型的触觉设计是按摩石在园路设计中的应用。浅水或以水为主的游憩活动就是一种全身心的触觉体验设计。

2. 触摸兴奋

触摸或抚摸有缓解压力、享受亲密、安抚镇静之神奇功效。因此在景观设计中，一些硬质景观的外表、质地非常重要。这种触摸感觉会因人而异，甚至有性别差异。

3. 特色触摸

真正在设计中采用体验设计，产生触摸兴奋或者设计特色触摸的例子也不少。但在森林公园中，我们常常可以看到不同的人群会以不同方式去触摸动物或植物，实际上一些亲近人类的动植物设计就是一种不自觉的特色触摸设计。

（五）活动设计

活动设计是以动为中心，把死园变成活园的设计，所以从设计的角度来分，有表演性活动和参与性活动。能使景点、景观活化的有自然因子，如流水、降雨、风雪；生物因子，如动物活动、人类活动。动是生命存在的体现，是游客在体验过程中感受到自我存在和生命之征的重要因子。因此，在关于活动的设计中，设计者要置身景内，充分发掘生命的活力因子，并将其展现出来。比如，野炊、野营、烧烤、草坪露天歌舞晚会、篝火晚会、垂钓、划船、漂流、攀岩等休闲运动类的活动，就能使游客通过亲身参与体味山林野趣。

三、森林公园体验化景观规划设计景观要素分析

景观设计是森林公园景观资源开发的核心。景观设计的成败直接关系着公园所提供的旅游产品质量的优劣，关系着森林公园的市场前景和发展潜力，从而决定森林公园整体开发建设的成败。目前，我国森林公园多从国有林场和自然保护区发展而来，其景观资源基本上处于自然状态。从旅游开发角度来看，这些景观资源大都存在一些风景缺陷，只有经过科学和艺术的分析和发掘，对景观资源进行准确的评价，合理的选择或修饰、改造，才能在最经济合理的时间和空间范围内为游客提供最具特色的景观，从而给游客以最丰富的精神享受。

（一）森林景观

森林景观是森林公园的基本景观，主要有森林植被景观和森林生态景观，包括珍稀植物、古树名木、奇花异草等。森林生态景观的开发应选择生态环境良好、群落稳定、植物品种丰富、层次结构复杂、垂直景观错落有致、树龄大、浓荫覆盖、色彩绚丽的森林景观供人游赏。森林景观也常以风景林，古树、大树、名木，珍稀濒危植物及专类园等形式进行开发。

1. 风景林

风景林按其起源有原始林、天然次生林和人工林景观。其中以原始森林景观价值最高，其次是天然次生林，人工林的景观价值相对较低。在景观设计中，原始林常被加以绝对保护，最多只能选择 1～2 个景点供人参观；次生林景观也以保护开发为主，可以布置少量游憩设施；人工林则多是纯林，常常按照要求进行改造，一些主要的游憩设施也常布置在人工林内。在森林景观开发实践中，当植被景观不够丰富时，则采用人工造林更新手段进行改造或新造。比如，以国有林场为基础建立的森林公园多以缺少变化的人工林为主。在景观建设中常常加种季相变化丰富的色叶树，形成树种多样、结构复杂、色彩变化丰富的风景林。没有地带性植被的森林公园，也常常采用人工措施恢复一定面积的地带性植被。

2.古树、大树、名木

古树、大树是森林公园中最长寿的生物个体，是大自然和前人留下的宝贵财富。它们大都饱经沧桑，却依然参天立地、遒劲挺拔、枝繁叶茂，是自然历史的见证，是山野和森林的精神象征物，是活着的画和凝固的诗，为游人所喜爱，让人产生坚韧、顽强、奋进的精神感受。在景观开发时，古树、大树常常采取措施予以保护性开发，设置围栏，修筑护坡、培土施肥，同时供游人参观、纳凉、照相留影，如江西安远三百山的杉树王、湖北宜昌大老岭森林公园的对歌树。

3.珍稀濒危植物及专类园

珍稀植物是大自然千万年进化中的幸存者。因种种原因，它们的生存都受到威胁，有的甚至处于绝种的边缘。它们在生物多样性保护上意义重大，是研究植物进化的活证据，而具有巨大的科学价值。因为其分布偏远，珍贵稀有，不为大多数人所认识，具有很高的观赏性、知识性、趣味性和新奇性。比如，广西金秀大瑶山森林公园的银杉王，树大根深，枝繁叶茂，姿容优美，是公园主景之一，深受游人喜爱。森林景观的开发还常常以珍稀植物园、树木园、药用植物园或竹种园、杜鹃园、红叶植物园、野果植物园等形式集中开发专类植物景观，并挂牌说明，建成科研科普基地，寓教于游赏之中，如宜昌大老岭森林公园中的珍稀植物园。

（二）地质地貌景观

地貌景观在审美感受上主要表现有雄、险、奇、秀、幽、旷、奥等形象特征。景观开发应根据原有的风景特征来给予加强、中和或修饰。例如，以雄险著称的地貌景观，在景点设计和游路布置时，尽量以能够强化雄险特征的手段来开发。观景点尽量设在悬崖边级，道路则尽量从峭壁半空中穿行，甚至设置空中栈道，以突出其险。

1.峰峦

峰峦包括峰、峦、岭、岗、岩等地貌景象。山峰因岩石的不同而形象各异。花岗岩山峰高耸威严，石灰岩山峰柔和清秀，丹霞地貌赤壁如削，石英砂岩峰丛如林。山峰是森林公园的主体景观，以其高大突出于所有地形之上，是登高眺望的主观景点，是观云海、看日出的最佳场所，气势恢宏，常常被设计为森林公园风景序列的高潮所在。

2.岩石

岩石包括孤立巨石、象形石、古化石等。孤立巨石常常以巨大的体量和奇特的形状丰富森林公园的景观空间；象形石则以其像人拟物、惟妙惟肖的形象特征让人惊叹自然造化的鬼斧神工；古化石则是地球生物史的见证，是宝贵的科研和观赏资源。

3. 洞穴

洞穴是山体内部的神秘世界，包括各种溶洞、岩洞、岩隙、石窟等。洞穴景观与地面景观殊异，并常伴有地下阴河、泉水、洞栖动物等，离奇怪诞、神秘莫测，常使人产生"神仙洞府"的感觉。此外，洞穴多有地质景观的价值，为地质科普提供场所。洞穴内冬暖夏凉，可为游人提供休息场所和野营基地。

（三）水域景观

水是生命的源泉，人类对水有着天然的亲近感。自然风景中的水是一最活跃的因素。所谓"山得水而活，水得山而媚"，丰富多变的水景使森林公园更富动态和声响美感。水体景观是自然风景的重要因素。森林公园的水景主要有溪涧、瀑布、泉水等。

1. 溪涧

溪涧是森林公园最常见的水景。小溪蜿蜒曲折，水面宽窄无常，水流时急时缓，水声有强有弱，水质清澈亮丽，从而在形、态、声、色上都给人以亲切感。溪涧是公园游路布置最常利用的景观。比如，江西安远三百山森林公园的游道设计，路沿着溪涧高低起伏、曲折有致，间以小桥，小憩时可就近洗洗手、玩玩水、看看小鱼，增加了游览山水的无穷乐趣。

2. 瀑布

瀑布是高山流水的经典景观。瀑布因水流和落差的不同而有大有小，形态各异，但无一例外都以强烈的动态和水声使山川动色，使森林回声，给游人带来强烈的愉悦感受。瀑布还是负氧离子的发生器，瀑布附近是森林公园中空气最为清新的区域，故常常设置观瀑布的亭台，不仅可以供游人停留观景，还具保健意义，如湖南莽山鬼子寨景区的听瀑台和观瀑亭。

3. 泉水

泉是地下水的天然露头。它因水温不同分为冷泉和温泉；因形态不同分为喷泉、涌泉、溢泉、间歇泉、爆炸泉；从水质上可分为饮用泉和保健泉等。森林公园中常见的是涌泉和溢泉，可供游客饮用，既可设饮水井、井亭，也可以设置水槽、小迭水、水栈等。对于温泉，则利用其矿质成分开发疗养保健旅游，为游人提供温泉浴、温泉游泳、药浴，如长沙黑麋峰森林公园的寿泉。

（四）动物景观

动物景观是森林公园中最富有野趣和生机的景观。野生动物常常可以使自然景观增色不少。所谓"蝉噪林逾静，鸟鸣山更幽；鹰击长空，鱼翔浅底"。

全世界有150多万种动物，除海洋动物外，在陆地上生存的动物主要生活在森林之中。在公园里，自然状态下可见到的动物景观有昆虫类、鱼类、两栖爬行类、鸟类等。除了偶尔可见到哺乳动物中的松鼠、野兔外，其它兽类基本上难觅身影。动物景观的设计一般以保护观赏为主，也常常采用挂巢（鸟类）、定期投食（鸟类、猴类、松鼠、鱼类）等方法招引。也有用抢救保护的方法，对受伤的动物、解救的动物进行人工圈养保护，供游人参观。比如，湖南长沙天际岭国家森林公园中设置的野生动物保护抢救中心、莽山国家森林公园设计的莽山烙铁头（蛇）馆。有的森林公园设置鹿苑、珍禽馆、蛇馆等，如千岛湖森林公园。有的在景观开发的同时，还能提供一定的动物产品，供旅游接待和生产药品和保健品，增加经济收入。

（五）天景

天景包括气象和天象景观，是由天文、气象现象所构成的自然形象和光彩景观。它们多是定点、定时出现的天上、空中的景象。人们通过视觉、体验、想象而获得审美享受。森林公园中最常见的天景是日出和晚霞。日出象征万物复苏、朝气蓬勃，催人奋进；晚霞则万紫千红、光彩夺目，令人陶醉。山间常有云雾缭绕，烟云飘浮流动、笼罩山野，并伴有风雨去来，常使人产生佛国仙山、远离凡尘的感受。天门山国家森林公园雾凇雪景、大瑶山的云瀑、莽山猛坑石的云海日出，都是极美的天象景观。天象景观的开发主要在于选择观景点，如看日出晚霞或选在山巅，有远山近岭丛树作为陪衬，前、中、近景层次丰富；或选在水边，有大水面与阳光相辉映反射，霞彩更加绚丽斑斓。看雾景则应选择特定季节或雨过天晴之时。

（六）人文景观

人文景观是森林公园内的社会、文化、艺术、历史、科学等方面的要素，包括名胜古迹，文物艺术、民俗风情、宗教文化、神话传说、革命纪念地、现代工程等方面的景观。森林公园大都以自然景观为主，人们到森林公园旅游也是以"回归自然"为首要目的。但任何景观的开发都是以人为目的的，人文景观的开发可以满足人的文化需求，既是对自然景观的补充，也是对自然文化的深化，增加了森林公园的文化内涵。

1. 名胜古迹

森林公园几乎都建立在风景优美的山水环境中，在我国悠久的历史长河里和崇尚自然的文化传统下（如"仁者乐山，智者乐水""与山川比德"），这些风景大都受到前人的关注，常常有一些历史文化遗存。比如，古工程、古寺院道观、古宅院、古战场（关隘）、古碑刻、摩崖石刻等，大都在当地，甚至外界享有盛名，具有一定的文化和艺术价值。这一类景观具有景物实体或遗址，并有现存的道路系统，易于开发。景观组织中常作游人的集散点，便于布置适当的服务设施。名胜古迹的开发主要有两种选择。一是保存现状，对有实体存在的景观多采用此法对景物进行维护，对环境加以修饰，直接向游人开放。一些有价值的文化遗址还可刻意保护其坍塌残破的景象，向游人展示遥远、沧桑、荒凉的残缺美，能给人更深层次的文化意境。二是修复或重建。有的古迹、旧址因为在历史上较为著名，影响深远。而现有遗址缺少景观价值，修复重建能扩大社会影响，招揽更多的游人。比如，湖南石门夹山寺森林公园恢复的夹山寺，因为有李自成出家的传说，重建后产生了巨大的影响，成为森林公园最吸引人的主景之一。

2. 风俗民情

森林公园大都偏处深山，或者是少数民族的聚居地，或者因为与外界交往少，保留了较多的传统习俗，民风淳朴，具有民族特色或地域特色。尤其是少数民族地区，具有一定的异质文化因素，民族风情浓郁，对游人很有吸引力。风俗民情的开发主要有民居、服饰节令风俗、民歌山歌、民间舞蹈等内容，多采用民俗村的形式，把风情融合于旅游接待服务之中。重点设计参与性民俗，让游客参与体验，共同游乐。例如，广西金秀大瑶山森林公园开发的瑶族民俗村、广西融水元宝山森林公园组织的苗寨篝火晚会等都大受游客欢迎。风俗民情是许多森林公园人文景观开发的重点，异质性的地域文化、热情的山民、淳朴的民风常常给人展示一幅"世外桃源"的景象。山民们穷而不苦、贫而不困、乐而知命的生活景象常让人获得返璞归真的心灵感受。

3. 民间故事和神话传说

传说故事在景观设计中常用作景点命名和景观介绍，秀美的自然景观结合神话传说能产生意想不到的效果，给自然物赋予了灵气，有锦上添花之妙。比如，张家界的夫妻岩、金鞭岩，大瑶山的"盘妹盼郎"等山岩景观都是用神话传说命名的。这样既是对自然景观的形象化概括，有点题的效果，更增加了景观的文化意趣，深化了景观意境。

4. 其他人文景观

其他人文景观包括革命纪念地、名人故居、现代工程等。其中现代工程主要有水利水电工程的大坝、人工渠、人工湖等，具有一定的景观价值，如在大型水库基础上建立的千岛湖森林公园。

第五节　森林公园景观规划设计——以 H 市
某体验式森林公园为例

一、H 市某森林公园体验化景观规划设计概要

（一）规划的目标框架

1. 环境目标

把 H 市某森林公园内的自然景观、人文景观及历史文物史迹等要素有机地组织起来，构成给人以自然美、生态美为主要体验享受的特色景观。组织良好的景观观光系统，把景观节点串接起来，为人们提供游览观光、休闲保健的场所。

保护和合理利用景观资源，充分发挥森林公园的最大生态效益。

挖掘传统景观特色，展现 H 市某森林公园具有丰富文化底蕴的环境氛围，使 H 市某森林公园景观成为城市文脉的重要组成部分。

2. 社会目标

森林景观的利用与保护，能产生良好的社会效益，能为现代人提供游览观光、休闲保健、科普教育的场所，展示自然美和生态美的景观资源特色与价值，更重要的是能提供一种城市公园没有的森林体验。

挖掘公园内的历史精神文脉，包括与近现代革命史迹相关的历史人物、历史事件及历史古迹，使之成为爱国主义历史教育基地。

3. 经济目标

合理利用自然资源，发展以森林生态旅游、休闲度假、森林保健、运动健身、科普教育与探险为主的森林旅游产品，培育新的经济增长点。

（二）体验化景观规划设计思想

森林公园景观给人以森林环境的体验，满足人们渴望回归自然的需要。体验化景观规划设计更注重人的参与行为，把人的听觉、触觉、味觉、嗅觉、视觉、动觉全面调动起来，通过增加森林趣味性与刺激性，激发生理上的舒适感、快感，不仅能使游客欣赏自然美景，还使其体验一种生活情趣的返璞归真，让游客得到全方位的身心享受。体验化景观规划设计思想通过物质空间要素体现出来，即森林景观、地质地貌景观、水域景观、动物景观、天景、人文景观等。设计以寻求人与其生存环境之间的最佳关系为目的，在整体体验上创造各种最佳关系。

（三）H市某森林公园体验化景观规划设计的研究分析

1."五觉"设计应对策略

（1）视觉设计应对策略

1）文化景观体验化规划设计

进行文化景观设计，主要是特化、强化、异质化景观，让旅游者在不同的文化环境与氛围中享受文化的熏陶。

H市某森林公园拥有深厚的历史底蕴和丰富的人文景观。这里有玉泉寺、白面将军庙、陈真人庙等六大寺庙遗址和宗教文化景观；留下了工农红军革命先烈和毛泽东等老一辈无产阶级革命家的光辉足迹：秋收起义上坪会议旧址、省级苏维埃驻地锦绥堂、东门红军大桥、H市某森林公园革命烈士塔等红色文化遗址，成为教育后代的革命纪念地。此外，H市某森林公园的客家风情也让人耳目一新，H市某森林公园是客家人聚居的地方，大约有15000客家人，那里还保存着传统的客家民俗和客家文艺。比如，《要涯唱歌也不难》是在H市某森林公园甚至浏阳客家地区广为流传的客家山歌。这些都是人们期望获得文化欣赏的体验线索。

根据H市某森林公园的现状，从三方面强化文化景观体验。首先是宗教文化体验。宗教朝圣活动（如进香、朝圣、拜佛）产生大量的旅游流量，吸引了宗教信仰者的参与，也引来游客观看、驻足，体味宗教文化韵味。即使不是宗教信仰者，人们对宗教圣地的建筑、雕刻、石刻艺术及特殊的宗教氛围也十分感兴趣，期望获得异于日常的文化欣赏。新建的宗教文化体验的景点有红莲寺、红尘古道、龙树菩提、白面将军庙、汤王寿墓等。扩建的宗教文化体验景点有古竺装寺等。其次是红色文化体验。寻访革命先辈的足迹，缅怀革命志士，培养爱国主义情怀，对H市某森林公园的革命遗址实行保护性利用，维持刘家祠堂、下新屋、窑背岭老屋等遗址的原貌。最后是客家文化体验。客家文化简言之就是客家人的文化，在栗木桥景区构建客家文化园，强化客家文化氛围，让外地游客感受到大围山的客家风情，又让本地游客对自身根源的追溯有一定的了解。

2）环境景观体验化规划设计

环境景观设计涉及生物景观、地貌景观、气象景观、天文景观等。H市，某森林公园在生物景观方面，如经天星湖直到杜鹃花基地，杜鹃花成片，形成花海。现花海中的杜鹃花的密度不大，应对此处的杜鹃化进行培育，增添品种，补齐花色，使之更为壮观。

地貌景观栗木桥景区"好汉崖"景点设计：在子午石上方有一高40米、

宽 20 米左右的山崖，坡度在 70°左右，坡面光滑，有自然形成的裂痕，在干旱季节非常适于攀岩。当然，攀登者需要几分勇气与技巧才能征服此崖，故其被命名为"好汉崖"，这样既是形容攀登此崖的困难，又是对游客的一种鼓励。

3）视线走廊设计

进行视线走廊设计，要让游客在游览、体验过程中有一个完整的体验过程。根据 H 市某森林公园的景观特点，充分考虑游客的需要，兼顾所有景点，尽量形成旅游环线，不使游客走回头路。以景区为单位，景点多或路程远的景区，设计多条环线，满足各种类型的游客。同时注意生态环境的保护，不破坏景观。

①清凉一日游示例。

森林宾馆—饮水潭—卧龙潭—琴弦瀑—龙须瀑布—月牙潭—子午石—好汉崖—幽谷探险—五桥喷雪—森林宾馆（中餐）—石林仙迹—听法海龟—壮士石（壮士亭）—森林浴场—龙卵破壳—吻石—石盖亭—珠落银盘—枫林瀑布—木石缘—蚌鱼含珠—鹊桥相会—栗木桥（乘车返回出园）。

②精品线路一日游示例。

公园正门（西大门）（乘车）—栗木桥—神女池—琼台泻玉—中流砥柱—醉贤石—竹林石印—仙人试剑—三瀑竞秀—船底窝—虎啸平台—幽草滴翠—启扉迎客—虮爪镌崖—九曲羊场—争流竞秀—小桥流水—双泉鸣佩—石径通幽—栗木桥（乘车返回出园）。

③清凉二日游示例。

第一天：公园正门（西大门）—石林仙迹—听法海龟—壮士石（壮士亭）—森林浴场—龙卵破壳—吻石—石盖亭—珠落银盘—枫林瀑布—木石缘—蚌鱼含珠—鹊桥相会—栗木桥（乘车）—客家文化园（乘车）—森林宾馆（住）。

第二天：森林宾馆（乘车）—红莲寺—玉泉山庄（乘车）—扁担坳—陈真人庙—祷泉湖—七星岭—七星湖—王母教子—云烟亭—马尾瀑—流云瀑—古竺装寺（东门出园）。

④三日游示例。

第一天：森林宾馆—饮水潭—卧龙潭—琴弦瀑—龙须瀑布—月牙潭—子午石—好汉崖—幽谷探险—五桥喷雪—森林宾馆—石林仙迹—听法海龟—壮士石（壮士亭）—森林浴场—龙卵破壳—吻石—石盖亭—珠落银盘—枫林瀑布—木石缘—蚌鱼含珠—鹊桥相会—栗木桥—神女池—琼台泻玉—中流砥柱—醉贤石—竹林石印—仙人试剑—玉泉寺—观雪亭—凌寿阁—天星湖—杜鹃花海—玉泉湖—红莲寺（住玉泉山庄）。

第二天：玉泉山庄—扁担坳—陈真人庙—祷泉湖—七星岭—七星湖—王母教子—云烟亭—玉泉山庄（中餐）—白面石（乘车）—漂流（乘车）—森林宾馆（住）。

第三天：森林宾馆（乘车）—H市某森林公园镇（红军桥、万亩桃园、锦绶堂）（出园）。

（2）听觉设计应对策略

H市某森林公园景区内水资源非常丰富，所形成的瀑布、跌水形态变化万千，声音变化亦是丰富，时而犹如雷鸣，时而叮咚作响。利用水声调动听觉的新建景点有听瀑亭、流云瀑、马尾瀑等。植物的叶片和枝条在自然风的作用下，叶片之间和枝条之间也可以演奏出美妙的令人陶醉的乐章，景点听涛亭（黄山松涛）就是一例。另外还有利用动物的鸣叫声建立的景点，如鸟语林。

（3）嗅觉设计应对策略

嗅觉景观的实现主要是通过森林植物设计来体现的。同一地区不同植物品种的花期不尽相同，而植物在开花期间所发出的气味也不相同，如丁香带给人的是浓郁的芳香气味、玫瑰给人以清香的感觉、百合更给人以淡淡的清香的感觉。即使是同一植物品种在不同地区开花期间所发出的气味也会因为温度、湿度、日照、土壤等的不同而有所差异。同一植物品种在整个花期的不同阶段所发出的气味也给人以不同的嗅觉感受。在H市某森林公园景观规划设计的实践中，首先是发掘景区内可以直接引发游人嗅觉体验的景点，并通过景点命名升华意境，引导游人深入体验。比如，在船底窝交叉路口地段建立的静养场，植被繁茂，地形平坦，游人可静心体味大自然的精气，达到保健、养生、净心的效果。其次是改造与恢复森林植物景观，营建新的嗅觉体验景观，如在H市某森林公园建立的季节性专类观赏植物园——桂花园、木兰园、杜鹃园等。

（4）触觉设计应对策略

触觉能够更好地拉近人们与环境的距离。触摸是人的天性，摸石头、花草更是儿童的习惯。具有丰富肌理和质感的空间环境能带给人们丰富的体验，对儿童、老人来说，意义更重要。不同的材质可起到行为暗示的作用，有的材质，如卵石路还可起到保健按摩作用。

在H市某森林公园景观规划设计中，主要从以下几个方面调动人们的触觉体验。一是通过园路铺装变换暗示脚、手、全身心的触觉行为。例如，在船底窝景区规划"健康柔道"，游人通过与"地气"接触，按摩脚底穴位，沐足健身。二是根据H市某森林公园景区内资源条件，在浅水区建立观景点、观景平台，使游人能近距离接近水体，嬉水赏景。三是对于景区内观赏价值高的植物以及古树名木，设立观景点并加以标识解说，使人们感受大自然丰富的肌理。

（5）活动设计应对策略

1）动植物观赏与科普教育

H市某森林公园动植物丰富，种类繁多，如植物种类有23个群系、2000多种，被列入国家一、二类保护树种的有17种；已发现野生动物60余种，被列入国家一、二类珍稀保护动物的达14种；在森林中生活的彩蝶达1200多个品种；堪称"天然动植物博物馆"。它还拥有已成规模的珍稀植物园、竹类观赏园等各种植物专类园，是研究和观赏动植物、进行科普教育的理想场所。

2）森林浴

森林浴是指人们在森林公园中休闲放松，呼吸森林内的新鲜空气，以放松身心和培养身心活力。森林公园内的植物群落具有清洁空气、杀菌滞尘、阻滞噪声的功能，而且植物群落中空气负离子对人体有医疗保健作用，可消除疲劳、放松神经、促进新陈代谢、强化细胞机能等。另外，林间漫步是一种有氧健身运动，有益人们的身体健康。森林浴可使森林公园的自然环境优势及生态效益得到体现，并与大众健康结合，是一项有前景的旅游项目。

3）森林保健

由于植物能挥发植物精气和产生空气负离子，因此森林具有较高的疗养保健价值，是现代人康体健身的理想场所。目前，许多旅游景区已将空气负离子作为景区的主要"卖点"，通过宣传这些"森林指标"，使空气负离子效应深入人心。在H市某森林公园内，栗木桥景区和马尾槽景区的空气负离子日平均浓度高，适宜开展空气负离子呼吸活动。负离子呼吸区兼游览、保健功能于一身，不仅可供游人疗养、健身，也让游人领略大自然美好风光、体验森林美的乐趣。

4）休闲娱乐

H市某森林公园内建有鸟语林、幽谷探险、拓展运动、垂钓等休闲旅游活动项目，具有开展休闲娱乐游的基础。森林公园的栗木桥景区有疏林幽亭，是人们休息游憩的良好场所。另外，森林公园内景观条件好、环境安静、空气清新，具有良好的生态效益，具备开辟富有情趣的林间活动的条件。

2. 森林公园景观要素规划设计策略

（1）森林公园景观分区结构分析

根据H市某森林公园自然结构的完整性、景点组合的段落性、景观特色的差异性、游线组织的合理性、保护管理的方便性和开发利用的可能性等因素，将公园划分为栗木桥景区、船底窝景区、玉泉寺景区、七星岭景区、白面石景区、马尾槽景区六个景区，及 H 市某森林公园旅游镇。

（2）森林公园景观要素规划

森林公园景观要素规划应注意以下几方面。一是充分利用已有景点，视其开发利用价值，进行修整、充实、完善，提高其游览价值。二是新设景点以自然景观为主，突出自然野趣，以人文景观做必要的点缀，起到画龙点睛的作用。三是景点命名准确，高度概括景色特点，主题恰如其分，充分揭示景观的内涵精髓；具有新颖性、知识性与趣味性，能激发游人的探索和游赏兴趣；雅俗共赏，满足各层次多数游人游览需要，还应避免单纯的艺术追求、片面的标新立异、孤僻、抽象、令人费解。景点构思虚实并举，达到意境与景物形体的完美结合。

结合 H 市某森林公园栗木桥景区的景观规划设计分析森林景观、地质地貌景观、水域景观、动物景观、天景、人文景观规划设计。

该景区植被繁茂，环境宜人。景区景点数量多，特色鲜明：有天然造型生动的巨石景观——壮士石、吻石、蚌鱼含珠、听法海龟；有结合神话、被赋予神秘色彩的树石景观——石林仙迹、补天遗石、木石缘；有引人入胜、令人心旷神怡的瀑布景观——狭口瀑布、枫林瀑布；还有人为的园林景观——植物园。龙须潜的峡谷景观独具特色，险、峻、雄、秀是对其最好的形容。目前景区内景点过密，同一类型景点在短距离内多次重复出现，容易使游客产生厌倦，而且景区重点欠突出，主题欠明确。龙泉溪上游的溪水大部分被截流，导致龙泉溪中下游溪水逐渐干枯，溪中的岩石大部分裸露，非常适于攀爬。

梳理现有景点，增建、扩建或取消某些景点，突出重点。鉴于现有景点太密，部分景点档次不高，取消一石两像、鳄鱼馋食、林海飞艇等小体量、无特色景点。重点建设以下景点。①森林景观类：植物园（盆景园）改扩建、红秋亭、龙泉春晓。②地质地貌景观类：子午石、好汉崖、幽谷探险。③水域景观类：饮水潭、卧龙潭、琴弦瀑、龙须瀑布观景亭、月牙潭。④动物景观类：猴山。⑤人文景观类：围山之夜风情广场、H 市某森林公园博物馆。

（3）植物景观规划

1）游道两侧植物配置

游道的曲线一般都很自然流畅，两旁的植物配置应不拘一格，使游人漫步其中，体会步移景异的效果。平坦笔直的主路两旁常用规则式配置，植物以观花乔木为主，并以花灌木作下木，以丰富园内色彩。次路和小路两旁的种植，由于路窄，有的只需在路的一旁种植乔、灌木，就可达到既遮荫又美观的效果。

2）休息地段植物配置

在森林中游览必须在一定距离选择稍平的地段建立休息地，如修建凉亭或草地。近休息处栽观赏价值高的植物，如小叶栀子、紫荆花、月季花、杜鹃花、含笑草、六月雪类等；面积较宽的地段可建小型花坛；远处栽浓荫的大乔木，如白玉兰、香樟、鹅掌楸、槐树等。

3）森林浴区植物配置

森林浴的基本方法是在森林中散步、娱乐、睡觉、运动等。森林浴就是通过人的肺部吸收森林植物散发出的具有药理效果的芳香物，刺激植物性神经，稳定精神，使内分泌增加，改善身体状态，促进身心健康。植物配置如下。

乔木：香樟、润楠、深山含笑、乐昌含笑、枫香、桂花、香果树、白玉兰等。

灌木：九里香、栀子花等。草本：葱兰、麦冬、中华结缕草等。

4）季节性专类观赏植物配置

H 市某森林公园可建立下列专类园。

①桂花园。选择较平缓的丘岗、山地，面积 50 亩（1 亩 ≈666.67 平方米）左右，栽种各个品种的桂花，中秋节前后举行赏桂花节。

②木兰园。木兰科植物是世界著名的观赏植物，有 250 余种。H 市某森林公园有良好的气候和土壤条件，可以选择适宜 H 市某森林公园栽种的品种，如白玉兰、凹叶厚朴、广玉兰、含笑、木莲、鹅掌楸、南方木莲、深山含笑、乐昌含笑等。面积为 100 亩。

③其他专类园。杜鹃园、秋果园、百竹园、大围山珍稀植物园均建在管理处周边。

3. **游步道体验设计应对策略**

根据实际调查，H 市某森林公园游步道体系比较完善，但因进一步开发的需要，游步道系统需要完善，以便游人能安全到达，同时得到美的体验。

对于新增的游步道，在游步道线型设计时主要选用曲线型，如"S"形、卵形、"C"形、"之"字形等。考虑游步道周围的景观因素，用游步道将景点串联起来。在游步道的适当位置设立指示牌，体现游步道的舒适性和人性化。这样既方便游人在森林公园中游览、观赏，又使公园贯穿成一个有机整体，保证园中的各项设施有机地发挥作用。

（1）公路规划

H 市某森林公园外部交通比较发达，但内部公路还不完备，需要改造。

（2）游道规划

针对公园的具体情况，主要是对景区内部的游道状况进行改善，同时某些新建景点的游道需要从主游道，即公路延伸至景点。

二、H市某森林公园体验化景观规划设计的探讨

通过前文对森林公园中体验的剖析以及运用设计元素营造体验的手法，我们可以给这种全新的设计模式——体验化设计这样一个定义：从直接体验出发，即使用者的切身体验，通过配置多样化的功能和参与性的方式，使人们在视、听、触、嗅等活动中获得更丰富的体验。

（一）体验化设计的理性与感性

英国学者大卫·贝斯特认为："在较高的阶段上，自然的反应和理性之间有一种复杂的依存关系，理性能够赋予情感以新的可能性，全方位的感受只对那些具有理性理解力的人才是可能的。"设计中往往会有不同的思维取向，理性与感性是两种不同的思维方式，前者基于逻辑思维，后者注重发散思维。

1. 设计中的理性分析

理性分析就是将所要研究的对象量化或数据化，从而在逻辑上找出关联。从公园的地理位置及周边环境，到气候与地质状况，经过调查与研究，以整体和功能性考虑，借此分析森林公园的服务半径及服务对象，森林公园中动植物的生态环境和所起的生态效益，森林公园中的建筑与构筑物的布局、结构、性能等因素。在森林公园领域中，为人的体验服务的设计应该考虑到与人相关的方方面面，满足各类群体的基本生活和生理需求。从体验的角度获得设计的依据，可以采用下面的分析法评估游客对体验的满意度，并为不同游客提供他们所期望的不同体验。

ASEB栅格分析法（一种以消费者需求为导向的市场分析法）将ＳＷＯＴ（strengths，weaknesses、Opportunities、Threats）即优势—劣势—机遇—威胁分析法与曼宁—哈斯—德赖弗—布朗需求层次分析法（包括活动、设施、体验与满足）以栅格或矩阵的形式结合起来。ASEB栅格分析法将重点放在体验和满足上，关注人们从活动中的实际满足以及人们的实际需求与期望。

另外,也可以采用"语意学的解析方法"(SD分析法)。这种方法是由C.E.奥斯顾德于1957年作为一种心理测定的方法而提出的，其作用是运用语意义学中"言语"为尺度进行心理实验，通过对各既定尺度的分析，定量地描述研究对象的概念和构造。SD分析法可以在森林公园的前期策划以及中期评价中作为空间的实态调查方法。设计师根据森林公园的环境特征和研究目标，

设定与环境相关的语义词汇，研究使用者对该目标的各种环境氛围特征的心理反应，拟定出"建筑语意"上的尺度，而后通过因子分析等计算机辅助手段，对所有尺度的描述参量进行评定分析，定量地描述出目标空间的概念和构造。通常拟定的语义表达得越明确，所获得的评定尺度越准确。

2. 设计中的感性分析

对于设计师而言，感性分析中的审美生成就是通过意境的创造，使大众在审美过程中产生情感的共鸣。冯纪忠先生认为意境是心境与意象积累的结果。体验化设计中要把握三个方面的协调统一：审美对象、审美主体、审美环境。审美对象是设计师所要建构的艺术形象，是意境生成的首要动因。审美主体是需要欣赏者的积极心理活动才能产生相应的美感效应，这与观赏者的心态以及文化、经历背景相关。审美环境是整个社会的文化背景和具体的审美环境。设计师要善于感觉和预测游人心理，在设计中结合民俗文化和场所精神，运用设计元素充分调动人们的感官活动，营造场地意象，烘托场所气氛，以期达到预测的效果。

森林公园景观设计是理性与感性相互协调的结果，体验化设计的最基本的方法就是处于理性与感性的双行线上。

（二）体验化设计的弹性与可持续性

1. 弹性

埃德蒙·N.培根在他的《城市设计》一书中所阐述的"下一个人的原则"对我们今天的景观规划颇有启发。培根说："正是下一个人，他要决定将第一个人的创造继续推向前去还是毁掉"。

从前文对森林公园的历史发展中就可以得知，在森林公园的发展进程中会存在许多不可预见的因素，因而森林公园的设计是一个动态的过程，需要具备一定的弹性原则。其中体验化设计最重要的可变因素就是使用者的使用需求随着时代而变化。人们更加注重精神的需求，也使得森林公园的娱乐、教育方式从传统的被动接受型向积极的互动参与型转化。

对于使用者需求的及时反馈是设计成功与否的关键，可以将使用状况评价的方法运用到森林公园的评估中。使用状况评价。是一种利用系统、严格的方法对建成并使用一段时间后的建筑或户外空间进行评价的过程。其重点在于使用者及其需求，通过深入分析以往设计决策的影响及森林公园的运作情况来为后期的森林公园建设提供坚实的基础。

2. 可持续性

可持续发展这一概念由世界环境与发展委员会于1987年在《我们共同的

未来》中首次正式提出，它指的是"既满足当代人的需要，又不损害后代人满足其需要的能力的发展"。可持续发展的最终目的是改善人类的生活质量，创造人类美好的生活。体验化设计要遵循可持续发展的原则，以生态优先为前提，重视森林公园的社会文化和经济效益，建立健全的评估、管理和维护体系，其可持续性主要体现在：注重景观资源保护和自然生态平衡，以保护为基础，以开发促保护，在保护森林生态环境的前提下，实现资源保护与森林公园开发相结合，以保护促旅游，以旅游养保护。

（三）体验化设计的特质

1. 体验化设计的互动参与性

互动参与性是体验化设计最为本质的特征。体验是人们对环境认知的一种手段，这种认知不再只是传统的视觉方式，而是与听觉、触觉、嗅觉、味觉共同作用的结果。体验能够相互转换，通常在满足其中两种体验的时候，人们会获得比以往更丰富的体验感受。随着使用者参与程度以及环境相关性的差异，所获得的体验感受则会不同。使用者真正地参与到环境之中，达到人与环境的共融，才能对所处的环境有进一步的认识，同时环境也能更好地满足使用者的需求。

认知方法的有效性取决于与之相关的感觉是能够有选择地指向某处，还是不加区别地从四面八方获取信息。通过变换位置产生的无选择性的和通过注意不同事物产生的有选择性，将使我们对参与性问题处理得更好。

2. 体验化设计的共性和个性

体验化设计是为满足各类人群在森林公园中的生理和精神需求服务的，要求具备一定的共同性特征，但其也有个性特征，不同的人需求是不同的。共性就是指在森林公园设计中规划对于大众群体而言必要的活动场地。共性是体验设计的基础，这就需要设计师对大众的休息、饮食、安全等方面进行必要的考虑。当人们满足了基本的生理需求后，才会追求更高层次的精神享受。

个性反映了人群的差异性，如年龄结构、文化背景、生活习俗等的不同。凯文•林奇在《总体设计》一书中指出："每个基地，无论是天然的还是人工的，从某种程度上说都是独一无二的，是事件和活动连接而成的网络。这个网络施加限制，也提供可能性。"活动需求因人而异。例如，森林公园中对年轻人富有挑战性的峡谷探险、漂流等对老年人却没有多大吸引力；而在森林公园中静养却较少受青年人欢迎。此时设计师的任务就是协调这些活动的不和谐因素，以最大限度地满足大众需求。可以采取的措施是通过划分不同的活动区域，使这些区域既相对独立又能够保持一定的联系，如视线或声音上的联系等。从这点来说，体验化设计的优势则在于适合大众的基础同时，注重个体感受的差异。

3. 体验化设计的娱乐性

游戏、娱乐的需求就是为了满足人们日益追求一种休闲、愉悦的现代生活方式，同时这也体现人类对这种本性的一种回归。娱乐是最基本的体验形式，通过积极的参与能够向其他的体验过渡和转化。

从娱乐的角度，在设计中按照年龄结构，娱乐方式分为适合学龄儿童、青少年、中年、老年的游戏娱乐方式。当然，这并不是完全的划分，每一种娱乐类型可能适合不同年龄结构的人群，见表4-1。划分的目的主要是使设计者清楚哪一类娱乐方式更适合哪一类人群使用。

①创造型。创造型娱乐方式改善了传统娱乐的单一和乏味，以最少的花费和代价提供可以开展内容更丰富的游戏，以及更多的认知与社会交往活动。

②教育型。由于青少年处在青春发育期，心智与品性都还未成熟，存在激进、厌世、叛逆等各种不安因素。这样可以利用公园的良好环境加以正确引导，将教育目的融入游戏之中，达到寓教于乐的目的。

③机械型。机械型娱乐方式运用构筑物，将冒险与猎奇的趣味融入游戏之中，增加游戏的吸引力，并且可以给公园带来活跃的气氛。

④智益型。智益型是相对静态的娱乐方式，以智益开发为主，这种类型的活动和设施需要场地及周围提供安静舒适的环境。

表4-1　各年龄人群娱乐方式的分类表

娱乐方式	适合人群	特　点	活动举例
创造型	学龄儿童	创造、认知	沙地水池、角色扮演
教育型	少年、青少年	引导、教育	户外课堂、夏令营
机械型	青年、中年	消遣、刺激	拓展运动
益智型	中老年、老年	心智发展、锻炼	棋牌、静养

4. 体验化设计的历史文脉性

李泽厚先生说过："我们应该把文化首先看成是塑造人们日常生活的那些形式，这是文化最重要的方面。"人们习惯于对往事的回忆，并从记忆片段中搜寻那些美好、幸福或者感伤的往事。这些值得纪念的事件使得所在的场所产生了意义。劳伦斯·哈普林认为，纪念性是包含有意义的空间体验的一种结果。在美国华盛顿的罗斯福纪念公园的构思中，设计师按照一种"基本记谱"的过程，以时间性的叙事线索，通过主要空间及其过渡空间来展现这位伟大总统的政治生涯。

　　体验化设计试图通过重现或者再创造某些人们熟知的场景，唤起人们对往事的记忆和感悟，并为复兴传统文化和活动创造条件。能够做到"记忆历史—传承现在—续写未来"，这样的公园才是最容易打动人心的。

第五章 森林公园生态旅游资源评价

旅游资源是一个综合的、复杂的系统，包括的因素很多，而且这些因素很多是属于模糊性、"灰色"的，因此评价起来的话需要从整体来考虑。旅游资源评价体系的概念最早是由尹泽生等提出的。一般认为旅游资源评价体系可以包括旅游资源实体质量评价、区域旅游资源评价（也可以称为旅游资源系统评价）、旅游资源开发评价。旅游资源评价即旅游资源价值评定。它是在对旅游地旅游资源进行深入调查研究的基础上，选取旅游地中的旅游资源、资源环境条件等作为评价对象，采取一定的方法，建立相应的评价模型，对旅游资源的特点及其开发做出评价和鉴定。客观上为旅游地旅游资源的规划和开发提供理论依据。

随着人们生活领域的不断扩大，评价对象也日趋复杂，评价对象的关联性也逐渐紧密，不能单单考虑某一个方面，必须从整体考虑问题。当前的评价体系中不仅要考虑结构的、定量化的因素，也要考虑非结构性的、模糊的因素，综合评价体系也就是这样产生的。现在评价也向着多目标、多层次的方向发展，那么如何将这些因素加以综合，以单一的综合值表达出来是综合评价体系建立的重点与难点。综合评价体系包括技术评价、经济评价、政策评价以及社会评价。综合评价是在单项评价的基础上进行的，它从整体的角度对被评对象进行全面、系统、科学的评价，因此可以全面地从整体上把握系统的优劣；科学、合理地鉴定出系统要素中的关键因素，使决策更加全面、合理。

第一节 森林公园生态旅游资源的评价目的与原则

旅游资源评价，就是在野外考察的基础上，为了合理开发以及保护生态旅游资源和充分体现其社会经济效益，使用某种方法，对范围内旅游资源自身的利用价值及其外部条件做出合理鉴定的研究。旅游资源评价是在旅游条件调查的基础上，进一步进行的具体开发的研究工作。旅游资源评价是为了更科学地开发资源，也是旅游资源可持续开发利用的前提。

一、旅游资源评价的目的

通过对旅游资源的质量、潜力、开发条件等进行全面的调查和客观的评价，从而对比该旅游资源与其他相似旅游资源在一定范围内的竞争力，确定区域内各类旅游资源的优劣，从而进一步确定开发次序，指导旅游开发规划，并提供开发理论依据。

二、旅游资源评价的原则

（一）市场吸引力

"吸引力"应是旅游资源的主要特征，所以对旅游资源评价时要充分考虑客源市场特征，评价标准的制定更要考虑旅游资源的现实吸引力对于游客到底有多大，以及其能够对游客旅游动机有多大影响，而不只评价旅游资源自身拥有的价值。

（二）区域性

不同区域的各种复杂的经济社会发展条件、自然条件各不相同，决定了不同的地区有不同的特点。因此在进行旅游资源评价的时候，都应根据不同区域的实际情况因地制宜地制定评价指标和方法。所以在旅游资源评价时，具体的评价内容和指标的选取都要根据各景区具体情况灵活确定。

（三）动态发展

旅游资源随着经济社会条件、客源市场需求的不断变化和发展而变化。因而对旅游资源进行评价不能生搬硬套，只有坚持以动态、发展的理论进行，才能对旅游资源的价值和开发做出全面合理的综合评价。

（四）系统性

生态旅游资源是一个复杂的大系统，由各种要素综合组成，造成其开发利少因素非常庞杂。所以，进行旅游资源综合评价时应当根据其内外的客观规律和条件，进行层层剖析和对比，利用多方法进行系统评价，以期使其更加明确地体现旅游资源的价值。

（五）综合性

开发利用旅游资源的目的就是为了取得效益最大化，这个综合效益包括生态、社会以及经济三方面，旅游资源的野外调研与各种方式的综合评价是为了更好地开发利用旅游资源，而不应当单单考虑经济效益。在对旅游资源进行评价时，要充分挖掘其潜在的优势，以期获得综合效益最大化。

（六）定量与定性相结合

进行旅游资源评价时，为了更加直观地反映资源质量，在定性评价的基础上可以将旅游资源各评价因子进行量化处理，从而进行定量分析。但是在不同评价区域根据条件尽量采用统一的评价体系，以便对各个评价区域的评价结果进行针对性分析。

第二节　森林公园生态旅游资源评价体系

一、生态旅游资源相关评价体系研究

评价体系的构建主要涉及两方面：一是评价指标体系的建立（包括确定赋分标准）；二是评价方法的运用。旅游资源评价关注其审美价值、功利价值、视觉价值、遗产价值、货币价值等，随着国家标准《旅游资源分类、调查与评价》的出台，使旅游资源评价在一定程度上得到了规范。旅游可持续评价多关注旅游资源的可持续价值、社会价值、伦理道德价值等，景观生态评价则关注旅游资源的生态价值，二者的研究均处于进一步深化阶段，研究成果层出不穷。而针对生态旅游的评价，国内外学者进行了生态旅游绩效、开发适宜度和资源价值等多方面的研究，取得了一定成果。

（一）旅游资源评价研究

生态旅游资源是从生态旅游视角去认识旅游资源而形成的一种新的旅游资源类型，具有一般旅游资源的基本性质。因此，要研究生态旅游资源评价体系，就必须关注旅游资源的评价体系。

国外的旅游资源评价工作始于 1970 年，已有 40 多年历史；我国的旅游资源评价工作则是在 20 世纪 80 年代后期，应旅游资源开发的要求而迅速发展起来的。旅游学者们对旅游资源评价的研究主要包括单体或者单要素评价、组合评价、容量评价（承载力评价）、区域评价、吸引力评价、经济价值评价等。这些评价最初以定性描述为主，近年来开始探索定性与定量相结合的评价方法。

国内常用的定性评价方法有一般体验性评价法、六字七标准评价法、"三三六"评价法、北京旅游学院"八六五"评价法等。国外常用的定性评价方法——自然风景美感质量评价是一种专业性的旅游资源美学价值评价，其中对自然风景视觉质量评价较为成熟。定量评价主要有技术性专题评价和综合定量评价。

目前，国外旅游资源评价研究的新趋势在于利用地理信息系统（GIS）、蒙太奇、三维动态模拟和因特网等技术进行风景资源视觉质量评价取样方法和技术的创新。国内研究的创新则集中于利用GIS、统一建模语言（UML）模糊集与粗糙（Rough）集理论和灰色理论进行评价指标体系的建立和评价模型的优化。

在我国的众多相关研究中，比较成熟的旅游资源评价体系有"旅游资源分类分级分态系统"的评价体系和《旅游资源分类、调查与评价》的评价体系。

1. 旅游资源分类分级分态系统的评价体系研究

郭来喜、吴必虎等在《中国旅游资源普查规范（试行稿）》的基础上，提出了中国旅游资源分类系统与类型评价。此评价方案可作为我国学术研究型方案的典型代表。此评价体系以其分类系统为基础，将旅游资源在类别上划分为3个景系、10个景类、98个景型；在景型的规模上分为景域、景段、景元3个空间尺度等级；在对资源的认识和开发状态上分已开发态、待开发态、潜在态势三种；由此构成一个完整的分类分级分态系统。对应此系统，采取如下定量评价方法：①对普查的资源单体进行属性归类，确定其基类"景型"，并根据其规模确定其规模等级；②根据每一资源单体在本类型内的重要性、规模和地位，采用专家评分法对其打分，赋予单体以分值（10分制）：③设定"景域""景段""景元"各占0.50、0.35、0.15的权重，处理后得到某一单位所在"景型"的分值，并将同一型内所有资源单体得分相加即得"景型"的总分值；④分景类、景系求出各"景类""景系"的总分和平均分值，即可对某一地域的旅游资源的属性类型、优势资源的赋存和等级情况进行定量评价。其中，景类、景系和景型的总分值反映了其在资源总量及规模上的大小差异，平均值则反映了其在资源品位的高低。

陶伟、李孝坤、罗有贤以及黄静波等均运用上述方案进行了旅游资源评价。但也有学者对上述评价方案提出了质疑。比如，黄远水认为上述方案有两点值得商榷：其一，将旅游服务类资源归入旅游资源的范畴是否合理；其二，在对应资源分级系统的定量评价过程中，可能使旅游品位高而规模较小的资源单体得分远低于其实际价值，造成评价结果的科学性偏低。

2.《旅游资源分类、调查与评价评价》体系研究

2003年，我国出台了国家标准《旅游资源分类、调查与评价》（以下简称"国标"），此评价方案被认为是实战操作性方案的典型代表。

国标首先根据旅游资源性质上的差异将其分为8个主类，再以其性质、形态、功能特性、文化内涵等为依据进一步划分出31个亚类和155个基本类型。在此分类系统基础上，由资源调查人员针对旅游资源单体的资源要素价

值、资源影响力和附加值进行打分。最后依据旅游资源单体的评价得分将其分为五级，并将五级旅游资源称为"特品级旅游资源"，将四级、三级旅游资源称为"优良级旅游资源"，将二级、一级旅游资源称为"普通级旅游资源"。

国标作为一部应用性较强的技术标准，提出了较为完善的旅游资源的类型划分、调查、评价的实用技术和方法，一定程度上解决了原来各地普遍存在的旅游资源评价缺乏统一标准、数据量小、以理性评价为主而不便应用等诸多方面的问题和矛盾，对相关资源评价也具一定的参考意义。与旅游资源分类分级分态系统的评价体系方案相比，国标显得比较简洁，易于掌握和操作。

与此同时，国标所示的方案也存在一些问题。何效祖认为国标存在多处概念模糊、类型划分重复、缺项或细分不准确等问题。刘益认为国标对资源的分类过窄过繁，不能直观体现其开发利用价值；评价采用的专家评分法受主观因素影响较大；评价因子缺乏弹性，某些单一旅游资源要素的价值与品位在评价结果中难以体现。黄向认为国标的制定在理论上存在盲点，可通过制定分门别类的旅游吸引物标准和与资源相对应的旅游产品价值等级评定标准来达到了解资源状况的目的。王良健认为考虑到评价结果的公正性，应该针对自然类旅游资源和人文类旅游资源的不同特征，分别构建相应的评价体系。

（二）旅游可持续发展评价研究

自"可持续旅游"理论被提出以来，国内外学者就对它的概念阐述、类型分析、整体框架、管理途径等进行了一系列的探索，对于评价体系问题也有一定研究。生态旅游作为可持续旅游的主旋律，其资源评价体系的建立，必定与旅游可持续发展评价紧密相连。

史蒂芬建立了国家和地区旅游可持续发展的指标体系，并指出每个指标都具有四种界定：警戒指标、环境负荷指标、极限指标和效应指标。

马丁等在《旅游和可持续性：第三世界的新旅游》一书中总结了分析和管理旅游可持续发展的技术性方法。

帕梅拉在分析前人研究结果的基础上，也总结出一套分析旅游可持续发展能力的方法，包括影响评估、累积影响评估、可接受变化的程度、游客影响管理及游客经历和资源保护。帕梅拉认为旅游可持续发展具有环境的、经济的和社会的三大目标，并用阐述了这些分析方法同三大目标的关系。

崔凤军、许峰等将旅游系统网络构成的基准限定为旅游目的地，依据有关旅游可持续发展的目标及原则，建立以生态环境指标、旅游经济指标、社会文化指标和社会支持系统指标四大类二级指标为主的评价指标体系。

马勇、董观志从谋求区域社会、经济、生态最佳综合效益的角度出发，按照潜力的影响因素类型，把区域旅游持续发展潜力分解为区域旅游资源的潜在保障力、区域社会经济的潜在支持力和区域环境容量的潜在承载力三个主要方面，并提出了区域旅游持续发展潜力测度模型。

曾珍香、傅惠敏等认为从旅游持续发展评价指标体系的结构看，包含两个层次：一是子系统描述，分别从社会、经济、环境三个子系统设置；二是在对三个子系统描述之后，分别进行区域旅游持续发展状态评价和旅游持续发展能力评价。

王良健根据上述建立旅游可持续发展评价指标体系的基本原则，选取旅游资源及环境保护能力、旅游经济社会效益、旅游软环境和硬环境建设力度、旅游客源市场开拓能力作为评价指标体系。

牛亚菲根据指标体系的功能要求和各个功能之间的逻辑关系，将旅游可持续发展指标分为四个层次：一是状态层，包括旅游业经济指标、资源指标，以及与旅游业相关的社会经济和环境指标；二是趋势层，包括旅游经济增长、旅游资源变化和旅游环境变化3个指标类型；三是诊断层，包括旅游业的经济协调程度、旅游业的资源协调度、旅游业的环境协调度、资金协调能力、管理和法规协调能力等指标；四是目标层，包括"旅游业与地方改善就业、增加收入有直接关系""扣除环境成本后，旅游业仍具经济上的可持续性"等基本衡量指标。

张继良根据"保护第一、开发第二"、简明科学、力求系统、可比且容易量化与操作的原则，选取旅游资源及环境保护能力、旅游经济社会效益、旅游软硬环境建设力度和旅游客源市场开拓能力作为评价指标体系。

（三）景观生态评价研究

景观生态评价在近二十年内发展很快，已由最初的定性评价和少数几个功能的模型方法进入定量化、多学科交叉、多功能评价的阶段。随着评价技术的不断进步，其评价方法已包括较多的生态功能类型，并引进了一些综合评价模型和程序；在 GIS 和遥感技术（RS）的支持下，其评价已能覆盖较大的地理区域。我国的景观生态评价工作起步较晚，现已取得一定的研究成果，其中，值得生态旅游资源评价参考的主要为自然保护区的生态评价。

郑允文、薛达元等在系统地研究了我国自然保护区之后，针对实际情况，筛选出多样性、代表性、稀有性、自然性等6项指标进行分析、比较和解析，进而制定了较为系统、完整且操作简便的生态评价指标体系、评价方法和评价标准。徐慧等在进行仙鹤坪国家级自然保护区生态评价时，将这个评价体系予以具体化，依据实际做了一定的修改，得出了该自然保护区生态质量较好的结论。

莫好容采用层次分析法建立起保护区生态评价体系，对梅花山自然保护区的生态质量进行了评价，得到综合评价指数为 0.81，表明该区拥有较好的生态质量。

邱林、聂相田等在利用模糊物元模型原理，实现对自然保护区生态等级的综合评价。他们在对梅花山国家级自然保护区的实证研究中，得出了与莫好容一致但更为精确的评价结果。

（四）现有生态旅游评价研究

罗斯等分别就沿海旅游地的生态旅游评价研究，指出生态旅游关键是要协调好旅游开发与生物多样性、社区发展与有效管理等之间的关系，并就生态旅游的功效进行分析，认为真正的生态旅游是有利于资源的可持续利用的。

马斯伯格等把开发、规划、教育与培训、社区利益、评价与反馈五个项目作为评价生态旅游政策的指标，并进一步将项目层细化成 24 个评价因子，通过对 20 个区域的生态旅游开发政策比较分析，分析各评价因子对区域生态旅游发展的影响，指出对政策措施的评价和反馈机制的建立是生态系统管理的关键因素，生态旅游更多地是保障生态系统健康。

富卡探讨基于社区的生态旅游管理问题，用可持续发展指标（包括社区的凝聚力、利益共享机制、保护和管理事项以及社会、政策、经济和环境等要素）评价基于社区的生态旅游管理绩效。

王忠诚构建了生态旅游区绩效评价体系并进行了实证研究。该体系的指标子系统包括社会、经济和环境三个方面共 68 个指标，同时按等分制原则制定了各指标的评分标准；评价模型子系统运用模糊数学方法将各个指标量化，获得各指标权重。

钟林生、肖笃宁等根据生态旅游的理念，提出生态旅游适宜度评价的概念和原则，并以乌苏里江国家森林公园为例，在确定公园生态旅游适宜度评价因子的基础上，利用层次分析法对各因子的权重进行赋值，构建了生态旅游适宜度评估体系；并运用 GIS 技术，对公园的生态旅游适宜度进行了计算。

宋延巍在总结前人研究成果的基础上，构建了国家生态旅游示范区指标体系，对环境质量和旅游资源、综合效益和协调发展进行评价，获得对国家生态旅游示范区的综合评价。

袁书琪对生态旅游资源的特性、分类和评价进行了研究，构建了由专家评价和游客评价两个评价指标子系统合二为一的生态旅游资源评价指标体系，但对于评价方法和模型没有明确地阐述。专家评价指标子系统涉及特征价值、开发价值、品牌价值三个评价因子；游客评价指标子系统则涉及通达性、知名度、气候舒适度等十个评价因素。

程道品、阳柏苏参考国标，对生态旅游资源评价体系的方法和指标进行了量化研究，提出了针对生态旅游资源的可视因子、可感觉因子和价值因子进行评价的赋分指标体系，将评价对象按专家评价结果分为五级。

王建军、李朝阳通过对构成生态旅游资源的生态旅游景观资源、生态旅游环境资源进行分析界定，尝试性地提出了景观和环境并重的旅游资源分类评价思想，初步创立了生态旅游资源的"景观—环境"分类方案；并在此基础上，采用层次分析法构建了生态旅游景观资源与生态旅游环境资源相结合的定性与定量综合评价基本框架。

郑晓兴、孙铭等从区域生态旅游适宜度概念出发，以旅游资源条件、生态环境质量和社会经济条件构建评价指标体系，并借助于 GIS 空间分析功能和人工神经网络模型中自组织特征映射网络方法，对某省 72 个县级行政单位的区域生态旅游适宜度进行聚类分析。根据聚类结果分异情况，把研究区域分为生态旅游最适宜区、高度适宜区、中度适宜区、一般适宜区和重点建设区，对各区的生态旅游适宜度进行了评价。

除上述研究成果外，多数生态旅游资源评价采用的评价体系与旅游资源评价体系类似。

综上所述，目前对于生态旅游的研究仍处于探索阶段，其中有关生态旅游资源评价的研究也才刚刚起步，学者多援引旅游、景观生态、可持续发展等方面的评价体系进行研究。现有的"生态旅游资源评价"研究中，多数学者单从旅游资源角度出发，直接套用国标中的评价体系来进行研究；少数学者考虑了生态旅游资源的特性，综合旅游资源评价与环境、生态评价的指标和方法来进行评价，但也比较机械；也有极少部分学者在对生态旅游资源的分类进行了有益探索的基础上，借鉴相关研究成果，做出了具有一定创新性和启迪性的研究。

值得注意的是，由于生态旅游资源不同于一般的旅游资源，单纯套用旅游资源的评价体系必然造成评价结果的不科学。同时，生态旅游是旅游学、生态学、可持续发展等多方面知识的综合体，机械地利用多学科知识来进行研究，显然不能满足生态旅游资源的评价要求。此外，生态旅游资源的开放性，决定了任何分类都将无法穷尽、覆盖或涵盖全部资源类型；加之分类原则的非唯一性，决定了不同分类结果之间的交叉和难以兼容，因此建立在分类基础上的评价体系往往局限性很大，不能真实反映生态旅游资源的价值。

如何结合国际生态旅游发展趋势和我国生态旅游资源现状，构建操作性强、科学性高的生态旅游资源评价体系，还需要更多的学科、行业、专家、社会的共同参与，共同研究。

二、生态旅游资源评价体系的构建

（一）生态旅游资源评价体系的构建原则

在构建本书的评价体系时，遵循了以下原则。

1. 科学性原则

指标要能够客观地反映生态旅游资源的最本质特征，建立在科学分析的基础上，能反映生态旅游资源的质量水平。每个指标必须概念清晰、科学含义明确，指标之间既要有内在联系，又要避免重复。

2. 规范性原则

指标的选择应遵循使用国内外公认、常见的指标及计算方法或单位的原则，指标符合相应的国际、国内相关规范、标准要求，避免使用不常见、难于统计的指标。应使指标标准化、规范化，易于在实际中找到适当的代表值，并使数据资料易得，计算方法简单，这样也便于横向、纵向比较。

3. 系统性原则

生态旅游资源是一个由多个子系统构成的复合系统，各个子系统内部又包含若干因素。为了便于科学地评价，其指标体系通常由三至四层构成，越往上，指标越综合；越往下，指标越具体。

4. 综合性原则

生态旅游资源是一个社会—经济—自然复合系统，指标体系应具有综合性，全面反映社会系统、经济系统、自然系统的主要属性及其相互关系，既能反映局部的、当前的和单项的特征，又能反映全局的、长远的和综合的特征，既有微观的指标，又有宏观的指标。

5. 动态性原则

生态旅游资源系统是一种地域性很强的系统，同时其自然环境系统、社会经济系统的内部结构和要素也是不断发展变化的，因此它具有较强的动态特征。作为反映系统特征的评价体系也必须充分考虑动态变化的特点，要能较好地描述、刻画与量度其现状和未来发展。

6. 实用性原则

建立生态旅游资源评价体系的目的是用于实践，要充分考虑数据的可获得性和指标量化的难易度。保证既能较全面地反映生态旅游资源特点，又能从实践中获得，因此该体系必须实用，具有可操作性。

7.精炼性原则

评价体系的建立以能说明问题为目的，而并非包含的指标越多越好，因而有针对性地选取有用的指标即可。衡量生态旅游资源质量的指标数量多而广，不可能一一列举，重要的是抓住主要矛盾，选取有代表性的指标和主要的指标，使指标体系完备、简洁。

（二）生态旅游资源评价体系构建思路

按照科学方法论，对任何一个事物进行评价，首先必须明确评价目的，即为什么要进行评价。其次是要明确评价的内容，即对事物的那些方面进行评价。再次是要确定评价的标准，即如何衡量事物的优劣。最后是选择评价的方法，即通过什么途径实现评价目的。

1.评价目的

生态旅游资源评价的目的是通过运用生态旅游资源评价体系，能够科学、公正、客观地衡量生态旅游资源的旅游价值、生态环境价值、开发价值及三者协调发展的程度（潜力），为确保生态旅游资源在保护的前提下，通过最为适宜的开发方式，达到生态旅游资源永续利用的目的打下基础。

生态旅游资源评价体系要能体现出生态旅游资源的特点，能较准确地反映生态旅游资源的旅游价值、生态环境价值、开发利用的现状和潜力，并反映上述三者的协调发展能力，易于得出综合性评价结论，为生态旅游资源的实际开发、经营与管理提供参考依据。

2.评价内容

生态旅游资源系统是由生态、社会、经济三大系统交叉耦合的复合系统，其组成复杂，影响因素众多。为了便于分析评价，本书将其分解为四个评价子系统：旅游价值评价子系统、生态环境价值评价子系统、开发价值评价子系统、协调度评价子系统。

3.评价标准

在进行生态旅游资源评价时，需要确定各项评价指标的评价标准值，指标要素的多样性和复杂性等特点决定了评价标准类型的多样性。一般来说，评价体系中所采用的评价标准类型有：类比标准，即参照旅游资源评价和生态评价的相应指标，进行类比评价确定质量等级；背景值或本底值标准，即以评价区域的背景值或旅游开发前的本底值为标准；国家、行业和地方规定的标准，即已经颁布实施的各类标准。

4.评价方法

生态旅游资源评价体系是由各个评价子系统及各个评价指标所组成的递

阶层次结构，决定了该评价体系从整体上需要采用分级评价的方法。分级评价可将相同性质、相同级别的指标归类处理，便于分析和研究，所得结果也更明了精确。

针对各个指标，采用的评价方法主要是单项指标评分法、专家评分法、问卷调查法。单项指标评分法是指选取单项指标，参照标准值进行评价。该方法简单明了，易于操作，同时也是综合评价的基础。专家打分法是指选取指标，请相关专业专家打分，然后将结果进行汇总分析。该方法使用较为方便，是对不易量化指标进行定量分析的有效手段。问卷调查法是按评价指标设计若干调查项目，制成表格请游客、当地居民、生态旅游资源管理者等相关人士填写问卷，并对结果进行整理分析。

（三）生态旅游资源评价体系的指标层次与解释

指标可帮助人们判断理解某一事件或某一现象随时空的变化程度。指标体系则能够较全面反映事物或现象的特征信息。生态旅游资源评价指标是对生态旅游资源进行数值表达的一种形式或计量尺度，它需由一系列相互联系、相互补充、具有层次性和结构性的评价指标组成的一个具有科学性、相关性、目的性和动态性的有机体。

本书结合文献研究法与层次分析法，在广泛查阅各类文献，包括与生态旅游资源评价相关的研究性文章和著作、国家、行业及地方标准等的基础上，将生态旅游资源评价所包含的因素按属性分类，按支配关系的不同而分层，形成包含 43 个评价指标的递阶层次结构。

1. 生态旅游资源评价体系的指标层次与框架

生态旅游资源评价体系的指标体系如表 5-1 所示，总共分为四个层次：

总目标层——评价体系建立的最终总目标，用以衡量生态旅游资源的综合水平；

子目标层——为了全面反映生态旅游资源状况，选择生态旅游资源的旅游价值、生态环境价值、开发价值、协调度作为评价子目标，也就是评价子系统；

准则层——反映各子目标层具体内容的指标；

指标层——对生态旅游资源进行评价的具体测算值。

2. 评价子系统间的关系

本书评价体系的框架设计是根据生态旅游资源评价系统所针对的内容——生态旅游资源的旅游价值条件、生态环境价值条件、开发价值条件和协调程度，将其分为四个相应的子系统——旅游价值评价子系统、生态环境价值评价子系统、开发价值评价子系统和协调度评价子系统。这四个子系统之间存在密切联系。

旅游价值评价子系统和生态环境价值评价子系统是生态旅游资源评价的主要内容。赏心悦目的自然风光、千姿百态的野生动植物、神秘独特的自然崇拜、简单朴素的生活方式、丰富多样的生态文化、和谐浓郁的旅游氛围、无与伦比的游憩体验等都是生态旅游最强大的吸引力。原始的自然风貌、丰富的物种与生境多样性、良好的环境质量等是生态旅游活动成功开展的保证，同时也是实现资源可持续利用的动力。只有对资源旅游价值和生态环境价值进行评价，才能了解生态旅游资源的基本特点，因此这二者是评价的主要内容。

开发价值评价子系统是生态旅游资源转化为生态旅游产品的必要条件。一般来说，生态旅游资源只有经过一定程度的开发，转化为生态旅游产品，才能在市场上销售，被生态旅游者消费。开发条件直接影响生态旅游资源的价值与功能的利用，开发价值评价是对生态旅游资源在其价值与功能发挥过程中具备的优势和劣势的衡量，因而不可或缺。

协调度评价子系统是生态旅游资源能否实现可持续利用的根本保证和未来的发展方向。生态旅游活动本质上是体现人与生态和谐发展的一种旅游形式，但它的开展必定会对资源地的自然、社会、经济系统产生影响，这就需要对旅游开发与自然环境、社会环境、经济环境三者的协调程度进行考察。只有在相互协调的状态下，整个生态旅游资源系统才能趋于稳定和平衡，实现生态旅游资源的可持续利用和最佳综合效益，因此生态旅游资源发展的和根本保证和未来方向是相互协调、共同发展。

表 5-1　生态旅游资源评价体系指标体系表

总目标层	子目标层	准则层	指标层
生态旅游资源评价	A 旅游资源价值评价子系统	A₁ 资源旅游价值	A₁₁ 美学观赏价值
			A₁₂ 游憩体验价值
			A₁₃ 历史文化价值
			A₁₄ 科学艺术价值
		A₂ 资源属性	A₂₁ 资源规模
			A₂₂ 资源丰度
			A₂₃ 资源聚集度
			A₂₄ 资源概率
			A₂₅ 资源完整性
			A₂₆ 资源特殊度
			A₂₇ 资源组合度
		A₃ 资源附加价值	A₃₁ 资源知名度
			A₃₂ 资源美誉度
生态旅游资源评价	B 生态环境价值评价子系统	B₁ 多样性	B₁₁ 物种多样性
			B₁₂ 生境多样性
		B₂ 自然特征代表性	
		B₃ 稀有性	
		B₄ 自然性	
		B₅ 稳定性	
		B₆ 环境质量	B₆₁ 大气环境
			B₆₂ 水环境
			B₆₃ 声环境
生态旅游资源评价	C 开发价值评价子系统	C₁ 适游性	C₁₁ 适游期
			C₁₂ 适游公众比例
		C₂ 安全性	C₂₁ 自然灾害频率
			C₂₂ 危险天气
			C₂₃ 严重事故发生频率
		C₃ 可进入性	C₃₁ 区位条件
			C₃₂ 交通条件
		C₄ 客源条件	C₄₁ 与客源地距离
			C₄₂ 往返交通费用
			C₄₃ 区域人口出游率

总目标层	子目标层	准则层	指标层
生态旅游资源评价	D 协调度评价子系统	D₁ 旅游开发与自然环境协调度	D₁₁ 生态反哺资金投入比例
			D₁₂ 生态保护设施
		D₂ 旅游开发与社会环境协调度	D₂₁ 社区态度
			D₂₂ 与地方民族文化协调性
			D₂₃ 政府支持程度
			D₂₄ 管理机构与规章制度
			D₂₅ 社会治安状况
			D₂₆ 设施建设
		D₃ 旅游开发与经济环境协调度	D₃₁ 区域人均 GDP
			D₃₂ 城镇依托条件
			D₃₃ 区域第三产业产值比重

3. 指标解释

生态旅游资源评价体系中，每项具体的评价指标均有其含义，指标解释如表 5-2 所示。

表 5-2　生态旅游资源评价体系的指标解释

具体评价指标	解　释
A₁₁ 美学观赏价值	资源在美学观赏方面的价值
A₁₂ 游憩体验价值	资源在游憩体验方面的价值
A₁₃ 历史文化价值	资源在历史文化方面的价值
A₁₄ 科学艺术价值	资源在科学艺术方面的价值
A₂₁ 资源规模	资源所占面积的大小
A₂₂ 资源丰度	资源基本类型占 GDP/T18972—2003 类型总量的百分比
A₂₃ 资源聚集度	主要旅游区每平方公里的旅游资源单体数量或单体间距
A₂₄ 资源几率	自然景象和人文活动发生周期或发生频率
A₂₅ 资源完整性	资源实体的形态与结构保存状况
A₂₆ 资源特殊度	资源或景观在一定地域范围内的特殊程度
A₂₇ 资源组合度	各旅游资源类型间的联系、补充、烘托等相关关系程度
A₃₁ 资源知名度	资源知名程度和对一定地域范围内客源的吸引力
A₃₂ 资源美誉度	资源在旅游者和专业人士中的声誉
B₁₁ 物种多样性	高等植物或高等动物种类数量
B₁₂ 生境多样性	生境或生态系统的组成成分与结构的复杂程度
B₂ 自然特征代表性	自然特征在一定地域范围内的代表意义
B₃ 稀有性	珍稀濒危动植物或国家保护动植物分布状况
B₄ 自然性	自然环境的原始状态或退化程度

具体评价指标	解　释
B_5 稳定性	生态系统中物流、能流的通畅程度、结构的合理性，以及抗干扰能力、自净能力和恢复能力的强度
B_{61} 大气环境	空气质量各项指标的达标程度
B_{62} 水环境	水环境质量各项指标的达标程度
B_{63} 声环境	噪声大小程度（以杜比音效衡量）
C_{11} 适游期	一年内适合旅游的天数
C_{12} 适游公众比例	适宜旅游项目的公众百分比
C_{21} 自然灾害频率	适游期内危害游客安全的自然灾害发生次数
C_{22} 危险天气	适游期内危害游客安全的危险天气发生次数
C_{23} 严重事故发生频率	适游期内严重旅游事故的发生次数
C_{31} 区位条件	资源所处区域和位置条件
C_{32} 交通条件	交通方式多样化程度和便捷程度
C_{41} 与客源地距离	资源与总目标客源地的距离
C_{42} 往返交通费用	总目标客源地往返所需费用
C_{43} 区域人口出生率	总目标客源地的区域出游人次与总人口之比
D_{11} 生态反哺资金投入比例	生态反哺资金投入占旅游年收入的比例
D_{12} 生态保护设施	生态保护设施建设情况
D_{21} 社区态度	社区居民对旅游开发的态度和支持率
D_{22} 与地方民族文化协调性	旅游开发对地方民族发展和保护的作用
D_{23} 政府支持程度	当地政府对旅游产业发展的定位和支持
D_{24} 管理机构与规章制度	管理机构和规章制度的完善程度
D_{25} 社会治安状况	当地社会治安状况
D_{26} 设施建设	区域的基础设施和安全、消防、救护等设施的建设情况
D_{31} 区域人均 GDP	区域内人均国民生产总值
D_{32} 城镇依托条件	旅游资源所依托的城镇条件
D_{33} 区域第三产业产值比重	区域内第三产业的产值比重

（四）生态旅游资源评价体系的指标权重确定

在建立起生态旅游资源评价体系的指标体系之后，需要对各个指标进行权重的分配。本书搜集了 20 余位专家和研究人员对指标重要性的判断，采用层次分析法确定指标权重。

1. 层次分析法

层次分析法由美国以运筹学家塞蒂为代表的一批学者在 20 世纪 70 年代提出，20 世纪 80 年代被介绍至我国后，在各个学科得到广泛应用。我国学者保继刚、楚义芳首先将其应用于旅游资源的评价领域，而后得到其他学者的推广。

所谓层次分析法，就是将复杂问题中的各种因素划分出相互联系的有序层次，使之条理化，再根据对一定客观事实的判断，就每一层次指标的相对重要性给予定量表示，利用数学方法确定其权重，并通过排列结果，分析和解决问题。

层次分析法的基本思想是先按问题要求建立一个描述系统功能或特征的内部独立的递阶层次结构，通过对因素相对重要性的两两比较，给出相应的比例标度；构造上层某要素对下层相关元素的判断矩阵，以给出相关元素对上层某要素的相对重要序列。层次分析法的核心问题是排序问题，包括递阶层次结构原理、标度原理和排序原理。

运用层次分析法解决实际问题，大体可分为个基本步骤。

（1）建立递阶层次结构模型

根据问题所包含的因素按属性和支配关系不同，递阶层次可以划分为最高层、中间层和最低层。同一层次元素作为子目标，对下一层次的某些元素起支配作用，同时它又受上一层次元素的支配，这种从上至下的支配关系形成一个递阶层次。

（2）构造两两比较判断矩阵

根据对递阶层次结构中每层次各因素的相对重要性给出判断数值（通常用 1～9 标度测度法表示，见表 5-3），来构造两两比较判断矩阵。此判断矩阵表示，针对上一层次某因素对本层次有关因素之间相对重要性的状况。

表 5-3　1～9 标度测度法及含义

标　度	含　义
1	指标 Bi 和指标 Bj 同等重要
2	指标 Bi 比指标 Bj 稍微重要，反之为 1/3
3	指标 Bi 比指标 Bj 明显重要，反之为 1/5
5	指标 Bi 比指标 Bj 强烈重要，反之为 1/7
7	指标 Bi 比指标 Bj 极端重要，反之为 1/9
2、4、6、8	介于上述指标之间

（3）判断矩阵 B

下列式中 b_{ij} 表示对因素 ak 而言，B_i 对 B_j 相对重要性的数值。标度 b_{ij} 的值取决于被调查的生态旅游专家、游客、从业者等对各指标相对性看法的统计值，表示成 1、3、5、7、9 及它们的倒数。

$$B = \begin{bmatrix} b_{11} & b_{12} & \cdots L b_{1n} \\ b_{21} & b_{22} & \cdots b_{2n} \\ \cdots\cdots\cdots\cdots\cdots \\ b_{n1} & b_{n2} & \cdots L b_{nm} \end{bmatrix}$$

2. 权重排序

生态旅游资源评价体系的权重分配呈现以下特点。

第一，子目标层中，协调度评价的权重最大，生态环境价值和旅游资源价值次之并比较接近，开发价值所占权重相对较小。和谐观是生态旅游活动的内涵，生态环境和资源的旅游吸引力是生态旅游活动得以实现的基础，成功、适度的开发是生态旅游资源走向市场的途径。本书在子目标层上将协调度单列出来，并根据专家对指标重要性的判断对权重进行分配，分配结果与生态旅游活动的内涵和生态旅游资源利用的要点不谋而合，说明指标体系在子目标层上的分解是有效且获得专家认同的。

第二，旅游价值评价子系统中，权重分配仍以资源旅游价值这一准则为重，资源属性与资源附加价值相对较小，说明资源的旅游吸引力是旅游价值评价的核心。

第三，生态环境价值评价子系统中，生态环境的稀有性所占权重最大，环境质量次之，多样性、稳定性、自然性、自然特征代表性均较小，体现了生态旅游资源与一般生态环境资源既有联系，也有区别：一方面，生态旅游资源具有一般生态环境资源的特性，必须发挥其在保护自然环境、维持生态平衡方面的作用；另一方面，生态旅游资源要对生态旅游者产生足够的吸引力，必须具备稀有的生态环境要素和优良的生态环境质量。

第四，开发价值评价子系统中，可进入性和安全性的权重较大，是生态旅游资源开发的主要限制因素；适游性和客源条件的权重相对较小，也是由生态旅游不同于一般大众观光旅游的特点所决定的。

第五，协调度评价子系统中，旅游开发与自然环境协调度的权重最大，与社会环境协调度的权重次之，与经济环境协调度的权重最小。这与生态旅游资源的协调利用应以保护自然为前提，造福社会为宗旨，而不应单纯地追求经济利益的最大化的生态旅游发展目的高度统一。

（五）生态旅游资源评价体系的子系统

生态旅游资源评价体系包括四个层次，共 4 个评价子系统、43 个具体的评价指标。本体系的单项指标评价的总分为 100 分，评分标准参考的多为国家或行业标准，部分为相关研究成果的类比标准，并根据生态旅游资源评价的特点进行了调整，包括解释和分值两部分，共四类：一类最优，为100 ~ 80 分；二类为 79 ~ 50 分；三类为 49 ~ 30 分；四类为 29 ~ 0 分。在具体评价时，应根据实际情况，给予分值区间段中的相应分数。评价方法根据评价要素指标的性质和获取来源不同，可分别采用专家评分法、单项指标评价法和问卷调查法。

1. 旅游价值评价子系统

生态旅游资源的美学观赏价值、游憩体验价值、历史文化价值、科学艺术价值、资源丰度、资源概率的评价标准均参考了《旅游资源分类、调查与评价》；资源完整性、资源特殊度和资源美誉度的评价标准参考的是国家标准《旅游景区质量等级的划分与评定》；资源组合度的评价标准参考的是《中国森林公园风景资源质量等级评定》。此外，指标评价标准还参考了程道品、阳柏苏和王力峰、王协斌等的研究成果。

2. 生态环境价值评价子系统

生态环境价值评价子系统从多样性、自然特征代表性、稀有性、自然性、稳定性和环境质量六方面进行评价，涉及多个具体的评价指标。其中，物种多样性和稳定性的评价标准参考的是《中国森林公园风景资源质量等级评定》；生境多样性、自然特征代表性、稀有性和自然性的评价标准参考的是国家标准《自然保护区类型与级别划分原则》；大气环境质量、水环境质量、声环境质量的评价标准参考的分别是《环境空气质量标准》《地表水环境质量标准》《城市区域环境噪声标准》。

3. 开发价值评价子系统

开发价值评价子系统从适游性、安全性、可进入性和客源条件四方面进行评价，涉及多个具体的评价指标。其中，适游期、适游公众比例的评价标准参考的是程道品、阳柏苏的生态旅游资源评价研究结果。

4. 协调度评价子系统

协调度评价子系统从旅游开发与自然环境协调度、旅游开发与社会环境协调度、旅游开发与经济环境协调度三个方面进行评价，涉及多个具体的评价指标。其中，生态反哺资金投入比例的评价标准参考了雷玲（2005）在森林生态补偿方面的研究成果；生态保护设施、管理机构与规章制度设施建设的评价标准参考的是《旅游景区质量等级的划分与评定》；社区态度、与地方民族文化协调性、政府支持程度和社会治安状况的评价指标参考了相关关于社区参与生态旅游的研究成果；区域人均 GDP 和区域第三产业产值比重的评价指标参考的是宋延巍关于国家生态旅游示范区的研究成果；城镇依托条件的评价指标参考的是王力峰、王协斌等生态旅游资源评价的研究成果。

（六）生态旅游资源评价体系的评价等级

生态旅游资源评价体系中的每一个单项指标，都从不同的侧面反映了生态旅游资源的价值状况，运用相应的评价方法和评价标准，就可以计算出被评价资源的得分。

生态旅游资源评价体系的评价结果总分为 100 分，根据资源的得分，参考《旅游资源分类、调查与评价》的旅游资源等级评定，可将其划分为不同等级的生态旅游资源，见表 5-4。

表 5-4　生态旅游资源评价等级

生态旅游资源	等　　级	得　分（分）
特品级生态旅游资源	五级生态旅游资源	≥ 90
优良级生态旅游资源	四级生态旅游资源	89 ～ 75
	三级生态旅游资源	74 ～ 60
普通级生态旅游资源	二级生态旅游资源	59 ～ 45
	一级生态旅游资源	44 ～ 30
未获级生态旅游资源	—	≤ 29

值得注意的是，将生态旅游资源评价结果进行等级划分，一定程度上有利于生态旅游资源的统计和比较，但这并不是生态旅游资源评价的目的。通过对资源各项指标的考量，掌握生态旅游资源的特点，为分析其开发利用的最佳方式和途径打好基础，才是生态旅游资源评价的真正目的。

第三节　旅游资源的评价方法

在国外，科学地评价旅游资源已有 30 多年历史。由于不同国家的社会经济发展水平和自然条件的差异性，对于旅游开发评价的重点略有不同。旅游资源评价方法可以分为两大类，即主观评价和客观评价。无论哪种评价方法，都涉及旅游资源的定性描述基础上的定量评价，纵观旅游资源评价方法的发展过程，其经历了体验性的定性评价、定量评价的历程。由于评价方法很多，在此仅选择一些有代表性的方法进行介绍。

一、体验性定性评价方法

体验性定性评价是基于评价者（旅游者或专家）对于旅游资源的质量个人综合体验而进行的。根据评价的深入程度及评价结果形式，又可分为一般一般体验性评价、美感质量评价和综合型定性评价。

（一）一般体验性评价

一般体验性评价是通过统计大量的旅游者或旅游专家有关旅游资源（地）优劣排序的问卷回答，或统计旅游资源（地）在报刊、旅游指南、旅游书籍上出现的频率，从而确定一个国家或地区最佳旅游资源（地）的排序加以综合而成，其结果能够表明旅游资源（地）的整体质量和大众知名度。1985 年

《中国旅游报》主持的"中国十大名胜"和1991年原国家旅游局主持的"中国旅游胜地佳行"等的评选，就是运用的这一方法。但这种方法仅限于少数知名度较高的旅游资源，对一般或尚未开发的旅游资源则难以采取这一方法。

（二）美感质量评价

美感质量评价是一种专业性的旅游资源美学价值评价，这类评价一般是基于旅游者或旅游专家体验性评价的基础上进行的深入分析，使评价结果具有可比性的定性尺度。其中有关部门自然风景视觉质量评价较为成熟，已发展成为几个公认的学派，即专家学派、心理物理学派、认知学派（心理学派）、经验学派（现象学派）。

（三）综合型定性评价

我国旅游资源的评价工作开展时间不长，目前多侧重于定性描述，缺乏完善的研究模型。陈传康先生开旅游地理研究之先河，最先开展了对旅游资源的综合评价，在综合型定性评价方面，针对我国不同类型的旅游资源，其评价指标体系的选取存在一定的差别，评价的手段、方法和侧重点都不尽相同。具有典型代表性的评价方法有：武汉大学徐德宽提出的"三四五"定性评价法，即"三大效益、四大价值、五大条件"；北京师范大学卢云亭采用"三三六"评价法，即三大价值、三大效益和六大条件。有的学者对旅游资源从两个方面进行评价，其评价体系包括旅游资源本身和其所处的环境两个方面。

总体来说，综合型定性评价主要是从旅游资源的美学评价、科学评价以及开发评价三个方面来综合阐述旅游地旅游资源的质量、规模、功能、价值，以及开发所依据的区域条件和其本身所处的区位特性来把握其特征。

二、体验性定量评价方法

（一）技术性单因子定量评价

技术性单因子定量评价即在评价旅游资源时集中考虑某些典型因子，对这些关键因子进行技术性的适宜度或优劣评定。这种评价对于开展专项旅游活动，如登山、滑雪、游泳等比较适用。

（二）综合型定量模型评价

目前对旅游资源的综合定量评价是在考虑多因子的基础上，可以通过对旅游者或专家广泛征求意见，并以数理方法确定旅游资源和需求的各个方面的权重体系，建立较为客观的评价模式，评价的结果为数量指标，便于不同资源评价结果的比较。我国许多相关人员都在不断摸索，潜心研究，并制定出了适合不同地区、不同资源的综合评价系统。例如，北京大学陈传康、中山大学黄进等对丹霞地貌的旅游评价，南京大学和中国科学院地质所对洞穴地貌的旅游评价；徐德宽在其主持制定的湖北秭归、黄梅、荆门、四溪、周坪等地的旅游规划中，采用"三四五"评价法（定性法）和"层次分析法"（定量法）相结合的综合评价法对当地的旅游资源进行综合评价；俞孔坚所进行的中国东部山地湖泊风景评价的数量比模型评价；新疆大学干旱生态环境研究所徐金发对乌鲁木齐南山、天池、东山以及阿尔泰山喀纳斯湖风景区的模糊数学评价；魏小安提出的综合评分法；杭州大学提出的综合价值模型等；保继刚提出的总目标评价模型；楚义芳运用层次分析法对中国观赏型旅游地建设的不同的旅游资源评价系统。

上述各种方法，都将旅游资源评价各项目予以量化，采用不同的指标评价体系，建立一定的数学模式，进行综合评价。现在还有一些学者尝试运用灰色关联法、聚类分析法、神经网络法、3S技术、灰色聚类法、价值工程法、综合指数法、可持续发展指数模型和元胞自动机模型量化等评价方法来对资源进行评价。

三、森林旅游资源评价方法

旅游发达国家，如美国、西班牙、法国、意大利、新加坡等，都十分重视对旅游资源评价的研究，并正在探索由定性评价向定量评价发展。我国一些学者也进行了卓有成效的研究，大体形成了定性评价、定量评价和定性定量综合百分评价等方法。森林旅游资源包含的内容很广泛，森林旅游资源评价方法也很多，包括森林旅游资源经济价值评价、森林旅游资源景观质量评价以及森林旅游资源综合评价等。

（一）森林旅游资源经济价值评价方法

森林旅游资源经济价值评价是着眼于森林旅游资源的经济属性的。国外森林旅游经济价值评估已有40多年的历史，许多经济学家已提出了多种森林旅游资源经济价值评价方法。其中比较常见的有以下几种：政策性价值评估、生产费用法（其典型方法有直接成本法和平均成本法）、游憩费用法、替代性评估（其典型方法有市场价值法和机会成本法）、间接性评估（典型方法是旅行费用法）、直接性评估（其典型方法是条件价值法）。

旅行费用法（TCM）和条件价值法（CVM）是目前世界上最为流行的两种游憩价值评估方法。这两种方法曾在1979年和1983年两次被美国水资源委员会推荐给美国联邦政府有关机构作为旅游价值评估的标准方法。1986 年美国内政部也确认 TCM 和 CVM 为自然资源损耗评价的两种优先方法。1987年英国众议院公共账户委员会（PAC）也推荐给英林业委员会（FC）作为林业委员会森林旅游评价的标准方法。

1. 旅行费用法

旅行费用法（TCM）可以评价旅游的利用价值，即以消费者剩余作为森林的游憩价值。旅行费用法基本而又简单的设想：利用观察旅游区游客的来源和消费情况，主要是各出发区的游林率，推出一条旅游需求曲线，以计算出消费者剩余作为无价格的旅游效用价值。但是，森林游憩消费具有非排他性的特征，其边际效用为零，属于"公共商品"范畴。其消费的市场价格资料没有办法获得，因此必须利用一些技术以求得其消费者剩余。

首先统计出每年到长白山旅游的人数，根据旅游者的年龄、职业、出发地等，分别计算出他们的交通费用、食宿费、门票费用以及服务费用，费用总额 11475.25 万元；其次根据旅游者的职业和旅游天数，运用工资成本法计算出游客由于旅游而花费的时间价值，为 1464.46 万元；再次以长白山自然保护区为中心向外辐射划分小区。通过抽样统计游客的出发地，调查各个小区的游客数量和比例，再根据各小区的人口算出小区的旅游率；将旅游率与各个相关因子进行分析，得出时间和旅行费用对旅游率影响最大。根据公式

$$V_p = \int_0^{pm} Y(x)\mathrm{d}x$$

V_p 为消费者剩余，pm 为增加费用最大值，$Y(x)$ 为费用与旅游人次的函数关系式。求得总消费者剩余为 1494.9 万元。根据公式（旅游价值 = 旅行费用支出 + 消费者剩余 + 旅游时间价值），最后得出长白山自然保护区旅游价值为 12508.00 万元。

2. 条件价值法

条件价值法（CVM）是国外森林旅游价值评估领域最有前途的一种评价方法，它不仅可以评价森林旅游的利用价值，而且也可以评价其非利用价值（包括选择价值、遗产价值、存在价值）。CVM 特别适用于其他方法难以涵盖的环境问题评价，CVM 通常适用于评价下列一些环境问题，如空气和水的质量，娱乐（包括垂钓、狩猎、公园和野生动物）效益，无市场价格的自然资源（如森林和荒野地）的保护，生物多样性的选择价值、遗产价值，尤其是存在价值的评价、生命和健康风险、交通条件改善等。

一项 CVM 研究需要解决 4 个技术问题：采访的方式、调查问卷的设计、

提问方式（启发、引导的方法）和数据统计分析。使用CVM需要满足一些条件，如需要较大的样本数量（一般要几百个样本），需要足够的经费和时间，还要尽可能避免或减少各种偏差。

CVM的具体操作是通过采访，要求调查对象对环境的变化标出价值。一般来说评价的程序是首先调查被评价的旅游区域，提出几个针对性的问题，然后就几个设计好的问题向旅游者或非旅游者直接询问自愿支付的最大值，并记录下来，最后计算旅游的总价值。

（二）森林旅游资源景观质量评价方法

森林旅游资源景观质量评价着眼于对森林景观的评价，尤其是对其视觉景观质量的评价。国外对森林景观质量的评价大致采用3种方法，即描述因子法、调查问卷法、审美态度测定法。

1. 描述因子法

描述因子法通过对景观的各种特征或成分的评价获得景观整体的美景度值。描述因子法在景观质量评价中得到了广泛应用，而具体方法之间还存在很大的差异。通常，描述因子与美景度之间的关系是事先假定的，或者留作单独分析。描述因子法的难点在于所选择的景观特征要适用于多种不同的特征，同时又能充分地把多种不同的景观区分开来。一般包括以下几个步骤。

①选择和定义一系列被认为与美景度有关的景观特征或构景成分。

②从这一系列构景要素上对每个具体景观做出评价。记录下每个景观中各种特征的存在情况（有或没有），并统计其数目；有的情况下，给每种特征赋予一个数值（如1、2、3等）。

③将每个景观的构成特征与其美景度联系起来。有的情况下只是单纯地对记录结果求和，而有的情况下则是综合各种特征或其特征值（如果已经赋值的话），从而获得一个美景度指数。

2. 调查问卷法

调查问卷法被广泛地用于了解公众对各种景观经营活动的满意程度或可接受程度。这种方法建立在一个重要的但通常没有明确提出的假设之上，简单来说就是这种喜好程度与景观美的关系被认为是直接的，即人们越喜欢的景观就是越美的景观。

3. 审美态度测定法

审美态度测定法又被称为心理物理学方法。这种方法的主要思想，是把景观与审美的关系理解为是刺激—反应的关系，由于它是从心理物理学理论衍生而来的，所以通常称之为心理物理学方法。森林景观评价中的心理物理学方法，正是运用了该学科的主要思想。其既能客观地反映某一森林景观的实际美学价值，又能方便与森林经营措施结合起来，从而对森林经营者具有更直接的指导意义。因此，心理物理学方法在森林美学评价中得到了普遍应用。用心理物理学方法建立森林景观评价模型包括3部分内容：测定公众的审美态度，即获得美景度量值；将森林景观进行要素分解并测定各要素量值；建立美景度与各要素之间的关系模型。

我国学者对于森林旅游资源景观评价多集中运用心理物理法来进行评价。

（三）森林旅游资源综合评价方法

森林旅游资源综合评价方法主要是针对资源的开发利用评价，是在单项评价的基础上，对于旅游资源质量、价值、开发条件以及吸引力的综合因素进行整体的评价。评价方法很多，这里列举一些比较常用的方法。

1. 综合打分评价法

1993年原林业部森林公园管理办公室组织有关专家起草了一个定性与定量相结合的层次分析百分评价方法，在林业系统的森林公园评价中推荐使用。建立评价因素以及评价子项，按三个等级进行评价，最后按21个子项的平均得分划分等级。

1999年颁布的国家标准《中国森林公园风景资源质量等级评定》中运用的评价方法是通过对风景资源的评价因子评分值加权计算获得风景资源基本质量分值，结合风景资源组合状况评分值和特色附加分评分值获得森林风景资源质量评价分值，再进行分级。

2003年颁布的国家标准《旅游资源分类、调查与评价》中运用的是综合打分评价法，赋予各个评价因子不同的分值，最后根据对旅游资源单体的评价，得出该单体旅游资源共有评价因子评价赋分值，依据单体评价总分，把旅游资源分为五级。

2. 层次分析法

我国在森林旅游资源评价中运用的主要还是层次分析法。层次分析法是由美国运筹学家塞蒂最早提出的，层次分析法的基本点是通过人们较易进行的两两相互判别而达到整体比较的目的。其基本原理是将待评价或待识别的复杂问题分解成若干层次，由专家或决策者对所列指标通过重要程度的两两比较逐层进行判断评分，利用计算判断矩阵的特征向量确定下层指标对上层指标的贡献程度或权重，从而得到最基层指标对于总体目标的重要性权重排序。具体步骤如下。

①明确目的，即弄清问题的范围、所包含的因素、各个因素之间的关系等，

以便尽量掌握充分的信息。

②建立层次结构模型。要求将问题所含的要素进行分组，把每一组作为一个层次，按照最高层（目标层）、若干中间层（准则层）以及最低层（措施层）的形式排列起来。

③构造判断矩阵。这个步骤是层次分析法（AHP）决策分析方法的一个关键步骤。判断矩阵表示针对上一层中的某元素而言，评定该层次中各有关元素相对重要性的状况。判断矩阵的数值是根据数据资料、专家意见和分析者的判断加以平衡后给出的。对于判断矩阵还要进行一致性检验。

④层次单排序，即计算判断矩阵的特征根和特征向量，计算满足"$BW=\lambda_{max}W$"的特征根和特征向量。式中 λ_{max} 为 B 的最大特征根，W 为对应于 λ_{max} 的正规化特征向量，W 的分量 W_i 就是对应元素单排序的权重值。这里要注意判断矩阵的一致性检验要满足：

$$CR=\frac{CI}{RI}<0.10$$

⑤层次总排序。利用同一层次单排序的结果，就可以计算针对上一层次而言的本层次所有元素的重要性权重值。显然层次总排序为归一化的正规向量：

$$\sum_{i=1}^{n}\sum_{i=1}^{m}a_jb_i^j=1$$

⑥一致性检验。为了评价层次总排序的计算结果的一致性，类似于层次单排序，也需要进行一致性检验。

3. 模糊综合评价法

模糊综合评价法是一种运用模糊变换原理分析和评价模糊系统的方法，它是一种以模糊推理为主的定性与定量相结合、精确与非精确相统一的分析评判方法。

模糊综合评判模型包括单层次综合评判模型和多层次综合评判模型，在复杂的大系统中需要考虑的因素往往很多，而且因素之间还存在着不同的层次，这里我们就介绍一下多层次综合评判模型，可以按以下步骤进行。

①对于评判因素集合 U，按某个属性 c，将其划分成 m 个子集，使它们满足一定的条件。这样，就得到了第二级评判因素集合。

$$U/c=\{U_1,\ U_2,\cdots,\ U_m\}$$

②对于每一个子集 U_i 中的评判因素，按照单层次模糊综合评判模型进行评判。

③对 U/c 中的 m 个评判因素子集，进行综合评判，建立评判决策矩阵，得出最后的评判结果。

4. 主成分分析法

主成分分析法（PCA）用线性变换方法，将原空间映射到一个线性子空间，主要用于数据压缩和特征提取。主成分分析法实质上是研究多指标怎样用较少的指标去近似描述它或者给多个指标进行重要程度的排队。近年来广泛应用于多指标评价体系中。

5. 德尔菲法与专家征询法

德尔菲法也就是专家预测法，是一种直观预测方法，应用于各种目的，特别是在研究被大量无法定量表达的影响因素所包围的事物时，常可表现出独特的优势，在旅游资源评价以及规划方案的选择上也常应用。其步骤如下。

①明确预测主题，准备背景材料。

②拟定意见征询表，征询的问题力求清楚明确，而且问题的数量不宜过多，其设计与问卷设计相似。

③选择专家。通常要求专家分布的广泛性、参与该项预测的积极性，人数通常为 30～50 人不等。

④轮番征询专家意见。首先将征询表和背景材料邮发给专家，在第一轮征询意见回收后，预测组织者以匿名方式将各种不同意见进行综合、分类和整理，然后再次邮发给专家征询意见，进行第二轮征询，专家可进行修改，如此几经反馈，一般在 3～5 轮后各位专家意见基本渐趋一致。

⑤汇总专家意见，量化预测结果。

专家征询法就是在评价过程中收集专家的意见，通过规范化程序，从中提取最一致的信息，利用专家的知识、经验对系统进行评价，其步骤如下。

①每个成员就相关问题写出自己的关键意见。

②组织者不分先后地听取并记录这些意见，让成员表达自己的意见。

③集体逐条讨论这些意见，弄清楚它们的意义。

④集结个人偏好：让每个人独立做出判断；每个人按自己的偏好把条目顺序排列出来，定量地表达他们的判断；群的判断被定义为个人判断的平均值；把由此得到的结果传达给群，进入下一步的程序。

⑤讨论初步投票。

⑥最终投票。

四、森林旅游资源评价方法比较分析

（一）森林旅游资源经济价值评价方法对比分析

1. 旅行费用法

旅行费用法的最大贡献是对消费者剩余的创造性使用。

它的局限性是其评价的旅游价值在很大程度上受制于区域的社会经济条件。TCM计算出的消费者剩余并未反映用于旅游的森林的自身价值，而是区域社会经济结构的一种反映。TCM所得到的估算结果只适用于具体的景点以及已开发的景点，只能评价森林旅游的使用价值而其非使用价值却不能评价。

2. 条件价值法

条件价值法是国外森林旅游价值评估领域最有前途的一种评价方法，它不仅可以评价森林旅游的利用价值，而且也可以评价其非利用价值，包括选择价值、遗产价值、存在价值。CVM特别适用于其他方法难以涵盖的环境问题评价。

这种方法由于主要依赖人们的观点，而不是以人们的市场行为作为依据，而且需要较大的样本数量，需要足够的时间和经费，因此操作起来比较困难，容易出现偏差。

CVM如果与TCM或费用支出法等其他方法结合使用，则更能体现它的价值。例如，薛达元在使用费用支出法和TCM获得长白山旅游价值后，进一步使用CVM划分总旅游价值中生物多样性的旅游观赏价值和地质地貌的观赏价值。并用此法划分了该保护区生物多样性非使用价值的组成。

（二）森林景观质量评价方法对比分析

1. 描述因子法

描述因子法的最大优点是它可以对很大尺度的景观做出评价。

该方法存在两大缺陷：这种方法的有效性在很大程度上依赖于应用者的专业知识和判断，以及依赖于所选择的描述性特征与美景度之间的相关性。这种方法难以直接将各种景观特征与美景度之间的关系表达出来，很难建立起一种特征与美景度之间的关系模型。

2. 调查问卷法

调查问卷法具备比较方便和经济的优点。对问题的选择不受森林资源现状的限制，并且问题的大小完全可以根据目的任意确定。但是，该方法也有明显的缺点：同一内容在不同的问法下可能会得到完全不同的反应，所以如何措辞显得很关键。有时候，人们在回答问题时所做的选择与面对景观实体或图片时所做的选择相互矛盾。调查中大部分市民对这种调查工作是理解和支持的，但也有少数人不愿意配合，很多老年人又由于视力或文化原因不便填写调查表，有的市民只是回答调查表中的部分问题，有的市民回答问题和自己的真实想法不一致。

3. 审美态度测定法

审美态度测定法具备两个特点：其森林景观价值高低以公众评判为依据，而不是依靠少数专家；森林景观的物理特征能够客观或比较客观地加以测定，更能客观反映某一森林景观的实际美学价值。其缺点是现有的研究几乎都是对林分进行景观质量评价，而极少用于评价林分与其他景观因子综合体的景观质量。

综合以上的方法可以看出，对于景观质量的评价还是以视觉景观评价理论方法为基础的。对现有的景观质量评价方法做一个评价可以看出它们存在的差异。

（三）森林旅游资源综合评价方法对比分析

1. 综合打分评价法

综合打分评价法的最大的优点是具有较大的推广性以及操作性。但这种方法也存在着一定的缺陷与不足，在打分的过程中对于资源单体评价时分值的描述模糊，往往显得不直观，也很烦琐，不容易被人理解。具体实施的过程中，对于评价人员的要求较高，限制了一些除专家以外的人员的介入。国家标准里的旅游资源是作为单体存在的，主要评价资源单体自身，对于需要一定规模方能开发的一些旅游资源则不够适用。

2. 层次分析法

层次分析法具备的优势是思路简单明了，将思维过程条理化、数量化，便于计算，容易被人们接受；所需的定量化数据较少，对问题的本质、问题所涉及的因素及其内在关系分析得比较透彻、清楚；能够整合不同层面参与者对同一目标的主观判断，制定较客观且具有一致性的权重，以便给决策者提供参考。

但层次分析法存在着较大的随意性，对于同样一个决策问题，如果在互不干扰、互不影响的条件下，让不同的人同样都采取 AHP 决策分析方法进行研究，则他们所建立的层次结构模型、所构造的判断矩阵很可能是各不相同的，分析所得出的结果也可能各有差异。而且判断矩阵易出现严重的不一致现象。层次分析法是解决指标之间对比量化问题，而对于指标的选择却无能为力，指标的选取完全凭借人的定性判断，这就有可能使某些重要指标遗漏。

层次分析法本质上是定性描述的定量化，因此定性因素起决定作用，量化的正确与否很大程度上取决于定性的判断。

3. 模糊综合评价法

旅游资源的模糊综合评价的最大优点就在于将模糊因素量化，克服了人为情感所带来的不确定性，从而使旅游资源评价更具有科学性和客观性。

但模糊综合评价法的应用，也有它的局限性及不确定性，如评价因子的选取，评价因素权重的确定等。而且它不能解决评价指标造成的评价信息重复问题。

4. 主成分分析法

主成分分析法的优点是根据评价指标中存在着相关性的特点，利用较少的指标来代替原来较多的指标，并使这些指标尽可能反映原来指标中的信息，从而解决指标重叠的问题，也简化了指标体系中的指标结构。主成分分析法中，各综合因子的权重不是人为确定的，而是根据综合因子的贡献率的大小确定的，这就克服了某些评价方法中人为确定权数的缺陷，使得综合评价结果唯一，而且客观合理。

主成分分析方法也存在着一定的缺陷：计算过程比较烦琐，需要的样本数也比较多；其是根据样本指标来进行综合评价的，评价的结果跟样本的规模有直接的关系。主成分分析法假设指标之间的关系都为线性关系。但在实际应用时，若指标之间的关系并非线性关系，那么就有可能导致评价结果的偏差。

5. 德尔菲法和专家征询法

德尔菲法特别是在研究被大量无法定量表达的影响因素所包围的事物时，常可表现出独特的优势。专家的个数可以为 20 ～ 50 个不等，专家可以不是面对面的，时间需要几天甚至数周。但其需要设计好问题，选准专家，准确反馈信息，只要满足这些条件，尔菲法不失为一种集众多专家智慧于一体的简单易行的分析问题、解决问题的方法。

专家征询法专家的个数一般是 5 ～ 9 个不等。面对面进行评价，时间比较短，大约为 1 ～ 2 个小时。

德尔菲法和专家征询法用于对评价因子的确定和评价因子权重的赋值上。两种方法都有可能产生一定的专家偏好，所以在实际应用中与别的方法相结合比较好。

（四）对比分析结果

旅游资源评价方法有很多，各种方法适用于不同的目的，数量化评价方式虽然具有先进性，但因涉及复杂的计算而尚未得到推广，而且它实际上是在建立一个定性指标的基础上再进一步进行量化处理的。所以定性描述方案是一种基础评价方法。评价本身是一个较为主观的过程，任何一种方法都会涉及指标的量化问题，如何使定性向定量较直观较简便地转换是一个关键的问题。

从现有的森林旅游资源评价相关的对比分析中可以看出，经济评价中由于运用综合方法，对资源的经济测量缺少适用的方法和结论而使现在森林旅游资源经济评价这个方面比较薄弱。森林景观评价主要还是建立在视觉景观评价基础上的，其中以专家学派为主，建立相关的评价标准与体系。森林旅游资源综合评价体系中运用的方法不少，各种方法都存在着或多或少的缺点与不足，其中综合评价中还是主要以综合打分评价为主。真正对资源进行有效评价的方法还存在着一定的缺陷和不足，还有待于进一步完善。从对各种方法的优势劣势进行的相关分析中，可以尝试从这些方法中找到比较好的契合点，扬长避短，争取找到更好的森林旅游资源评价方法。

第四节　S市某国家森林公园生态资源的定性评价与定量评价

一、S市某国家森林公园生态资源的定性评价

对S市某国家森林公园生态旅游资源的定性评价主要采用卢云亭提出的"三三六"评价方法，即"三大价值""三大效益""六大条件"评价方法。

（一）S市某国家森林公园旅游资源的三大价值评价

1. 艺术观赏价值

S市某国家森林公园各种旅游资源丰富，有连绵的群山、潺潺的溪流、俊秀的景色、茂密的森林、参天的古木、叠翠雄伟的峰峦，大自然造就了S市某国家森林公园无限秀丽的风光，雄奇壮观。

2. 历史文化价值

S市某国家森林公园是粤桂之间的天然分界线。在古代，两地的居民之间就有着大量来往，但是受当时交通条件影响，两地居民主要通过山间小路来往经商。森林公园内至今仍保留着大量较为完整的粤桂古栈道，这些古栈道始建于明清期间，用石板砌成的路面1米多宽，穿过十几个隘口，其中最为著名的就有扶隆坳。粤桂古栈道是古代南方"丝绸之路"和兵家必争之地。

除此之外，S市某国家森林公园还有龙袍树的传说、念板沟军政会议旧址、20世纪50年代的影片《英雄虎胆》的拍摄地等文化资源可供开发。

3. 科学考察价值

S市某国家森林公园动植物资源丰富，拥有很多珍稀植物，生物多样性极高，园内分布的狭叶坡垒、野生苏铁、金花茶、云豹、金钱豹等在全国分布已很少。另外还有如紫荆木、华南五针松、竹叶楠等珍贵树种和黑叶猴、巨蜥、穿山甲、金猫等珍稀国家保护动物。

（二）S市某国家森林公园旅游资源的三大效益评价

1. 经济效益

旅游资源开发利用后带来的经济效益是开展森林旅游业最为显著的效益体现。S市某国家森林公园自从开园以来，取得了良好的经济效益，仅2010年一年，接待游客就多达30万人次，创造旅游收入300万元。

2. 社会效益

首先，发展旅游业可以扩大就业，带动地方经济和文化发展，也可带动地方其他相关产业的发展。其次，旅游业是一种综合性行业，旅游者的基本需求是多样的，包括"吃、住、行、游、购、娱"等，开展旅游有利于促进地方，尤其是公园内人们生活水平的提高。森林旅游业的发展必将为社会提供大量的就业机会，解决当地剩余劳动力问题，从而在提高人们生活水平的基础上，优化当地就业结构，有利于社会安定。森林旅游业的发展还有利于扩大地方的社会影响，使更多的人加入森林公园生态旅游资源保护的行列，整体提高人们的生态保护素质。最后，森林旅游业的发展还有利于提高地方的地方知名度和影响力，有利于多渠道吸引更多的资金，整合地方资源，加快地方经济发展。

3. 环境效益

人类发展和进步必须以保持良好的生态环境为前提，恶化的生态环境必将制约甚至动摇人类发展的根基。优良的生态环境为旅游可持续发展提供保障，因此在发展旅游的过程中应严格地保护旅游区的各种生态系统、保护物种多样性。可持续发展理念是发展森林生态旅游的指导性理论，通过旅游开发提高经济效益，继而加大保护景区环境效益投入，这是生态旅游开发的最佳选择。S市某国家森林公园生态旅游的开发不仅有利于提高经济收入，更好地保护环境，也有利于提高社区居民和旅游者的环保意识。

（三）S市某国家森林公园旅游资源的六大条件评价

1. 地理位置及交通条件

S市某国家森林公园地处桂林—南宁—S市某森林公园—越南下龙湾黄金旅游线上，位于地方东南部，距县城36千米，距防城港115千米，距离首府南宁136千米，距钦州135千米，处于凭祥市、东兴市、钦州市、北海市等广西重点发展城市的影响腹地，也是S市、滨海大旅游圈不可或缺的组成部分。该森林公园与地方城之间的油路是目前国家森林公园与外部交通的唯一通道，但是这条油路路况较差，路面损坏严重，制约游客到公园游玩，一定程度上降低了景区对游客的吸引力。

2. 景观的地域组合条件

公园内森林旅游资源类型丰富，地域组合既分散又相对集中，景点主要有狮头山观海、扶隆坳口、念板沟军事会址、南山睡佛、粤桂古商道、九龙松、珠江源头、古松群以及石头河下游两岸景区等。主要旅游资源呈点状分布，除下游石头河两岸景区外，各景区之间空间跨度较大，主要通过山间小路连通。目前已开发或正在开发的森林旅游资源都有山间小路通达，但均只能步行。

3. 景区旅游资源容量条件

任何景区的环境容量都是有限度的。S市某国家森林公园由于处于开发建设初期，面积大，但是基础设施的不健全、接待能力的不足限制了目前公园的实际环境容量，总体来说，现在的游客规模小于公园的实际环境容量。

4. 旅游客源市场条件

S市及周边县市是该森林公园目前主要的游客来源地。仅S市范围内的总人口已有约687万，所以S市某国家森林公园拥有良好的客源市场条件。

5. 旅游开发投资条件

目前S市某国家森林公园薄弱的基础设施仍然是阻碍其旅游发展的最大因素。资金是完善公园基础设施和发展生态旅游的重要条件。近年来，地方政府、旅游局等多部门通过举办旅游文化节提高S市某国家森林公园的知名度，转变经营机制，推出各项优惠政策，逐步科学地引进社会资金投资S市某生态旅游建设。可以预见的是，未来S市某国家森林公园良好的旅游资源优势和巨大的发展前景必将引起社会投资的极大关注。

6. 施工条件

S市某国家森林公园用地条件良好，并且所在市县物资充沛，易采购公园建设的原料。但是公园内部分区域受地形地质和生态环境的影响，建设时有一定技术难度。总之，S市某国家森林公园的施工条件还比较好。

二、S市某国家森林公园生态资源的定量评价

定量评价法是通过统计、计算、分析，在旅游资源定性评价的基础上，利用一定的数量来表达旅游资源的质量、开发潜力及开发条件的方法。

生态旅游资源评价可以为合理开发旅游产品提供科学的依据，这也是进行生态旅游资源评价的目的，也说明了针对市场进行开发的旅游产品才是最能适应市场变化的。因此在结合旅游资源本身条件实地调查的基础上，对生态旅游资源进行定量评价，不仅要突出旅游资源的生态特性，也要考虑旅游市场的需求。本书选择使用层次分析法（AHP）和模糊综合计分法进行评价，利用电子表格（Excel）统计工具进行辅助计算。层次分析法实质上是一种新型的从思考方式上研究分析问题的方式。它把一个复杂问题分割成几个影响因素，再根据这样因素的隶属关系建立分级结构系统，通过运用两两重要程度对比打分的方式，确定每个层次中诸因素的相对重要程度，然后结合决策者的想法，最终确定各个因子重要性的总排序。这个过程主要是模拟人的决策思维的基本特性，即通过分解、判断、综合几个步骤完成决策。也可以说 AHP 是定量与定性相结合评价方法，其实就是将决策者的主观判断用具体数值量化表示的方法。它改变了以往决策者与分析者之间割裂的状态。使用层次分析法进行资源评价，可以在一定程度上提高决策的有效性、可靠性和可行性。

AHP 的基本原理：把研究对象看作一个大系统，通过对系统的多个元素分析划分各元素间相互有序层次，形成上下逐层支配关系；请专家对每一层次元素进行判断，并给出相对重要性定量数值；然后建立数学模型，计算出每一层各元素相对重要性权重值，并加以排序，最后根据排序结果进行决策。此法实施步步骤分为三步。

（一）建立递阶层次的评价指标体系

在选择每一阶层的评价因子时要遵循以下原则。首先是评价因子具有显著的系统复杂性和明显层次性，且各层相互之间应具有一定的包容关系。同时，每一层次都要能构成完整系统，即反映出评价的完整性。其次，评价因子有显著代表性，根据旅游地特征，尤其是资源特色和资源地特征，选出最能代表这些特色和特征的元素作为评价因子。再次，在每个评价层选取的众多因子，必须是并列无交集的关系，即同一评价层各个因子，不可以出现互相包容和替代现象。最后，各评价元素在同一层次应具有明显区别，即不能出现模棱两可、不易区别的模糊因子，并能进行量化评定。

通过对以往旅游资源评价成果的分析和总结，评价因子和评价模型的设立有以下两种。

1. 注重资源要素构成及其组合评价

注重资源要素构成及其组合评价的旅游资源评价主要以楚义芳旅游地评价因子模型（图5-1）为代表，这种模型的优点是指标的设立客观具体，但专业性强，对专家要求高，而且专家意见与游客的实际体验可能存在偏差。

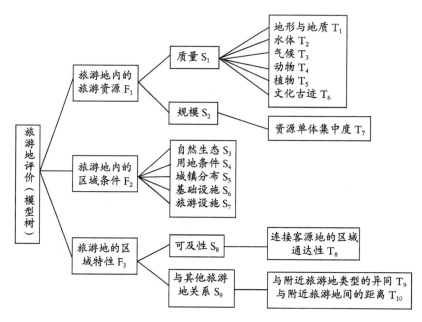

图5-1　楚义芳旅游地评价因子模型

以保继刚旅游资源评价模型（图5-2）为代表，该模型主要是从资源价值、景点规模、旅游条件三方面构建旅游资源的评价指标体系。

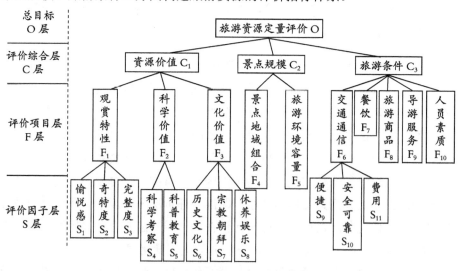

图5-2　保继刚旅游资源评价模型

2. 注重资源价值和要素特征评价

以傅文伟旅游资源因子评价模型（图5-3）为代表，该模型的主要特点是将旅游资源的价值和存在置于同等地位来考虑。该模型缺点是同层指标之间存在较强的相关关系，如资源要素种类和特殊度等因子毫无疑问会影响资源的美学观赏等价值。

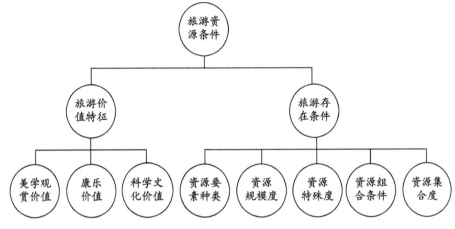

图 5-3　傅文伟旅游资源因子评价模型

根据上述分析以及考虑到 S 市国家森林公园生态旅游资源的总体状况，在建立评价指标体系的时候，充分从系统论的角度考虑如何发挥旅游资源系统对旅游者的吸引，其吸引能力的大小不仅取决于资源本身，还包括其可以开发利用的程度和受环境的影响程度。由此笔者认为旅游资源评价可从三个方面进行，即旅游资源价值评价、生态环境条件评价和旅游条件评价。旅游资源价值评价作为一种旅游资源吸引力指向，是旅游资源吸引能力大小的具体反映，也是决定旅游资源开发价值的主要方向。生态环境条件评价作为生态旅游开发过程中一种限制类型的评价，主要依据旅游地植被、水体、空气、气候舒适度等生态环境指标来判断。旅游条件评价则是从旅游发展的交通、服务等角度进行评价，在旅游吸引力指向前提下对旅游资源开发基础条件综合反映，主要依据旅游资源地可进入性、基础设施、旅游设施、旅游服务等因素综合判定。

这一模型划分为四个层次：

①A 层为总目标层，以"S 市国家森林公园生态旅游资源综合评价"作为评价总目标；

②B 层为评价综合层，根据 S 市国家森林公园生态旅游资源特点，选取旅游资源价值、生态环境条件和旅游条件为综合评价因子；

③C 层为评价项目层，本着科学性、完备性、简明性、整体性、区域可比性、

可操作性等原则，从众多评价因子中筛选出 11 个与 S 市国家森林公园生态旅游密切相关的因子作为项目评价因子；

④D 层为评价因子层，针对上一层项目评价因子并结合 S 市国家森林公园的特点，共选取 10 个因子做具体评价。

（二）构造两两比较判断矩阵计算权重

在建立递阶层次结构后，上下层次之间元素的隶属关系就被确定了。如果以总目标层 A 为准则，所支配的下一层次元素为 B_1、B_2、B_3，我们的目的就是按照 B 对于 A 的相对重要性赋予 B_1、B_2、B_3 相应的权重 W_1、W_2、W_3，其中 $W_i > 0$，$\sum W_i = 1$。

在层次分析法中确定权重的重要步骤就是构建判断矩阵。所谓判断矩阵就是针对上一层次的某指标而言，评定本层次中各有关指标相对重要的状况。具体做法如下：邀请专家以填表打分的方式按同样重要、略微重要、重要、明显重要、绝对重要等判别级别，分别以 1、3、5、7、9 或其倒数作为量化标准，2、4、6、8 为前述两相邻判断的中值（表 5-5），对同一层次的各因素相对于上一层次的某项因素的相对重要性给予判断。根据相关专家、学者填表的各因素之间相对重要性比较结果，建立两两判断矩阵 A。

表 5-5　判断矩阵标度及含义

标　度	含　义
1	i 因素与 j 因素同样重要
3	i 因素比 j 因素略微重要
5	i 因素 j 比因素重要
7	i 因素比 j 因素明显重要
9	i 因素比 j 因素绝对重要
2、4、6、8	介于两相邻重要程度
倒数	若元素 i 与元素 j 的重要性之比为 a_{ij}，则元素 j 与元素 i 的重要性之比为 $1/a_{ij}$

根据判断矩阵，利用线性代数知识和 Excel 数学工具，计算各个层次单权重，并检验判断矩阵的一致性，必要时对判断矩阵进行修改，以达到可以接受的一致性，其步骤如下。

第一，计算判断矩阵每一行元素的乘积。

$$M_i = \prod_{j=1}^{n} a_{ij} (i = 1, 2, 2, \cdots, n)$$

式中，n 为大判断矩阵阶数。

第二，计算 M_i 的 n 次方根。

$$\overline{W}_i = \sqrt[n]{M_i}\,(i = 1,\ 2,\ 3,\ \cdots,\ n)$$

第三，将向量 $\left[\overline{W}_1,\ \overline{W}_2,\ \overline{W}_n\right]$ 归一化。

$$W_i = \overline{W}_1 \Big/ \sum_{i=1}^{n} \overline{W}_i\,(i = 1,\ 2,\ 3,\cdots,\ n)$$

则 $W = [W_1,\ W_2,\ \cdots,\ W_n]^T$ 即为所求的特征向量。

第四，计算最大的特征根。

$$\lambda_{\max} = \sum_{i=1}^{n} \frac{AW_i}{nW_i}$$

第五，一致性检验。

当判断矩阵具有完全一致性时 $\lambda_{\max} = n$（n 是判断矩阵的阶数），但是在一般情况下是不可能的。为了检验判断矩阵的一致性，需要计算它的一致性指标 $CI = (\lambda_{\max} - n)/(n-1)$，$CR = CI/RI$。其中 CI 工为一致性指标，RI 为平均随机一致性指标，RI 可以通过查询表5-6获得。一般而言，一阶或二阶判断矩阵总是具有完全的一致性，对于二阶以上的判断矩阵，其随机一致性比例 $CR < 0.10$ 时，我们就认为判断矩阵具有令人满意的一致性，当 $CR > 0.10$ 时，就需要调整判断矩阵，直到满意为止。

表5-6　平均一致性指标表

阶　数	1	2	3	4	5	6	7	8	9	10
RI	0	0	0.58	0.90	1.12	1.24	1.32	1.41	1.45	1.49

最后在符合一致性检验的前提下，计算各因素对于系统目标的总排序权重。

（三）评价指标的量化处理

确定 S 市国家森林公园生态旅游资源中各评价因子的权重后，采用模糊综合计分法将各个相关因子划分为 5 个等级，然后为每一个等级赋分。本书采用李克特量表征询专家对 S 市国家森林公园生态旅游资源每个指标划分等级赋分。李克特量表的基本方式是有一组主观评价的陈述项目，回答采用的样本分成 5 种等级，依次的强弱结构：优、良、中、差、劣，也可更精地分成 7 级或 9 级结构。

S 市国家森林公园生态旅游资源综合评价的最后得分为 3.3135，属于"很有潜力"范围，这表明 S 市国家森林公园生态旅游具有很大的发展潜力。

首先从评价综合层看，资源价值排序第一，这说明 S 市国家森林公园自身资源价值是其开发生态旅游的基本资源，它对于 S 市国家森林公园生态旅游开发起着重要的作用。S 市国家森林公园地区丰富的自然资源和自然特色是旅游地开发的前提和长久资源，是未来生态旅游发展的基础。当然，目前 S 市国家森林公园的自然资源大部分被保护得较好，有很大的利用空间。旅游条件位于第二，这与 S 市国家森林公园生态旅游处于起步发展阶段有着密切的关系。一般来说，旅游者在欣赏山野风光时也希望享受较好的服务设施，高品质的旅游设施产品和服务同时也能够给游客带来良好的第一印象，使游客对到 S 市国家森林公园旅游的经历综合评价较高，容易带来回头客。生态环境条件的权重位于第三，是因为目前 S 市国家森林公园生态旅游业处于初期发展阶段，对生态环境资源产品开发得还很少，如何挖掘和创新其良好的生态环境资源是一个长期研究和实践的过程。

　　其次从评价项目层看，这一层次包含 11 个评价项目，每一个元素的权重值是基于评价综合层对总目标层的权重。从整理的数据中可以看出观赏价值的权重很明显地位于第一。原因之一在于观赏活动在生态旅游中仍然位于重要的地位，人们去森林旅游的首要动机还是去感受森林的自然风光，去欣赏森林的景色。之所以观赏价值权重值相对较高，是因为其上层"资源价值"的权重值也位于第一，这在很大程度上拉开了观赏价值与其他元素的权重差距。位于第三的是"可进入性"，这说明进入条件是 S 市国家森林公园生态旅游开发的重要因素，没有良好的区位与交通条件，就会阻碍旅游的开发。S 市国家森林公园生态旅游资源的"森林覆盖率"位于第四。森林覆盖率在一定程度上反映了森林生态环境的质量，是森林生态旅游开发的核心和关键，也是森林生态旅游资源区别于其它生态旅游资源的突出特点。"科学价值"位于第五，这是由于人们对珍稀动植物和特殊地质地貌景观的关注和好奇，产生了旅游动机。

第六章　森林公园生态旅游产品结构与可持续开发——以 TS 国家森林公园为例

可持续发展的理论是在 20 世纪 70 年代末 80 年代初，人们在对经济发展和环境保护关系深刻认识的基础上提出的结论。可持续发展是指持久永续，其内涵包括两个方面：一是经济社会发展的持久永续；二是指经济社会赖以支撑的资源、环境的持久永续，既满足当代人的需要，又不损害后代满足其需求能力的发展。可持续发展是关于人与自然协调发展的理论、是关于当代与后代协调发展的理论。

而"可持续旅游"又称"永续旅游"，目前尚未形成统一的概念。世界旅游组织将其定义为：可持续旅游是在维持文化完整性、保持生态环境的同时，满足人们对经济、社会和审美的要求。它能为当代人提供生机，又能保护和增进后代人的利益，并为其提供同样的机会。1990 年在加拿大温哥华举行的全球持续发展大会旅游组行动策划委员会（1994）会议上形成了《旅游持续发展行动战略》草案。该草案对可持续旅游的概念做出了较为全面的表述，它提出了可持续旅游应符合的 5 个目标，即增进人们对旅游所产生的环境效应与经济效应的理解，强化其生态意识；促进旅游的公平发展；改善旅游接待地区的生活质量；向旅游者提供高质量的旅游经历；保护未来旅游开发赖以存在的环境质量。

因此，森林生态旅游是一种可持续旅游的继承和延伸，其产品的开发必须尊重可持续发展的理论前提。

森林生态旅游的开发价值如下。

①经济价值。

森林具有重要的经济价值，它是国家重要的战略储备物质，在国民经济中占有重要的地位，是保障国民经济健康发展的重要因素。森林生态旅游的开发正是要通过旅游的非物质输出将森林资源转化为产品，实现国民经济的新增长，实现经济的可持续发展。实践证明，森林生态旅游已成为新兴的旅游方式，成为国民经济新的增长点。

②社会价值。

所谓森林的社会价值，是指森林对人类社会生存和发展的意义。森林生态旅游的开发正是基于这样的意义存在的。森林生态旅游是一种责任和教育式的旅游方式，它在开展一系列旅游活动的同时，还要激发人们热爱大自然、保护大自然的环保意识，通过旅游项目的体验，还能增强人们的团队合作精神，引导健康的休闲生活方式，促进人与社会的和谐共存。因此，开发森林生态旅游对整个社会的长远协调发展具有深远的意义。

③文化价值。

文化价值是一种关系，它包含两个方面的内容：一方面存在着能够满足文化需要的客体；另一方面存在着某种具有文化需要的主体。文化价值是社会产物，不能把文化价值仅仅理解为满足个体文化需求的事物属性。人不仅是文化价值的需求者，也是文化价值的承担者。森林特有的审美价值以及旅游者的审美需求决定了森林生态旅游的文化价值。它体现在旅游行为上，不论是景观审美、健身竞技，还是休闲漫步，都是一种绿色文化的具体体现，是进行森林生态旅游的人群所共有的价值表达。因此，森林生态旅游具有不可替代的文化价值，引导和创造新的社会生活方式。

第一节　森林公园生态旅游产品的含义与结构

一、森林公园生态旅游产品的含义

森林公园生态旅游产品从广义上说是一个整体概念。从旅游供给方面言，森林公园生态旅游产品是指森林旅游经营者为了满足森林旅游者在森林旅游活动中的各种需要，凭借各种旅游设施和环境条件，向旅游者提供的全部物质产品和服务要素之和。从旅游需求方来看，森林生态旅游产品是森林旅游者为了获得物质和精神上的满足通过花费一定的货币、时间和精力所获得的一次森林旅游的经历。狭义的森林生态旅游产品是指在森林旅游区内凭借良好的森林景观和生态环境开发的，能够满足游客某种或多种森林旅游需求的单项旅游产品，它具有自然野趣性、参与体验性、知识趣味性、休闲游憩性、科普教育性等特点。从总体上看，本书所探讨的为广义的森林公园生态旅游产品。对这一概念的理解，可以从垂直层面和水平层面进行分析。

（一）垂直层面

从垂直层面看，可以将森林公园生态旅游产品划分为三个层次，即品牌产品、重要产品和配套产品，这是基于产品内部布局的划分方式。品牌产品是旅游地的导向性产品，对市场具有引导作用，是竞争力强的旅游产品，能够展现和强化旅游地的形象，体现最核心的旅游价值。重要产品是整个产品布局体系的支撑，是旅游地的主力产品。配套产品是指不具备强大的市场吸引力，也很难吸引较多的游客，但它可以丰富产品结构，满足低消费市场群体的需要。

（二）水平层面

从水平层面看，森林公园生态旅游产品主要按照旅游六大要素进行划分，即吃——餐饮，住——宾馆（或民宿），行——交通，游——游览，购——购物，娱——娱乐。这六部分互相配套、互相支持，构成了森林公园生态旅游产品的有机整体。

二、森林公园生态旅游产品的结构

（一）森林公园生态旅游产品结构的内涵

从宏观上讲，产品结构指一个国家或一个地区的各类型产品在国民经济中的构成情况；从微观上讲，产品结构指一个企业生产中各类产品的比例关系；以产品本身为对象来讲，产品结构是指组成产品实体的各零件之间的性能、部位是否协调合理。

森林公园生态旅游产品结构是指生态旅游产品各组成部分之间的关系，既包括旅游产品之间的相互作用关系，也包括各种旅游产品之间的比例关系。森林生态旅游产品结构大致可分为旅游产品要素结构和旅游产品组合结构。

旅游产品要素结构是指为满足旅游活动中的"吃、住、行、游、购、娱"六大要素的需要，旅游产业不同行业和部门所提供的旅游产品中各种服务要素之间的结构比例关系，表现为同一旅游产品之间的结构比例关系。森林公园生态旅游产品建立在六大要素基础之上，这六个要素构成一个独立完整的体系，其本身就是对旅游产品主体结构的一种表述，六要素构成的变化决定着不同旅游产品的性质和类型。

森林公园生态旅游产品的组合结构是指按照一定的旅游需求和旅游供给条件，把各种单项生态旅游产品有机组合起来，形成一段时间，一定区域内具有不同类型、不同档次分配组合的旅游产品结构，表现为同一行业和部门所提供的旅游产品之间的结构比例关系。这又可以细分为类型结构、空间结构、时间结构。

类型结构主要指旅游产品的分类，有传统型（观光旅游产品、升级的观光旅游产品、文化旅游产品、商务旅游产品、度假旅游产品）和新兴型（健康旅游产品、业务旅游产品、享受旅游产品、刺激旅游产品、替代旅游产品、活化旅游产品）两大类。

空间结构主要是指资源（产品）的里层结构，它在很大程度上依托旅游资源加以构建。对于森林生态旅游区而言，森林公园生态旅游产品的空间结构有三个层次，即点状（景点、景区）、线状（主题线路）、面状（若干森林公园、生态旅游区域）。从产品开发层次上说，点状产品处于区域初级产品阶段，线状产品是区域产品发展的中级阶段，而面状产品的形成则预示着区域产品发展到了高级阶段，品牌形象被树立起来，并辐射整个旅游区域，带动区域旅游的发展。

时间结构有两层含义：一是森林公园生态旅游产品销售的时间结构（短期的假日结构和长期的淡旺季结构）；二是替代旅游产品推出的时间结构。旅游产品的时间结构优化重点在于开发拳头旅游产品梯队并适时推出，以便延缓旅游目的地的整体衰退速度。

弄清森林生态旅游产品的结构内涵是研究森林旅游可持续开发的理论前提。

（二）森林公园生态旅游产品结构的合理化标准

①良好的经济效益。调整和优化森林生态旅游产品结构的最终目标是实现经济效益的最大化。因此，能够产生良好的经济效益是衡量产品结构合理的外部标准。

②适应市场需求的变化，符合市场结构的调整。森林生态旅游产品结构的调整必须适应不同层次的市场需求，根据客源市场结构的变化，调整产品结构，使其保持市场竞争力。

③资源优势的有效转化。如何将资源有效转化为产品从而产生经济效益，取决于对优势资源的发挥以及对劣势资源的补偿。因此，一个合理的产品结构是能够将资源有效地转化为产品的。最大限度地发挥资源优势并变劣势为优势，是衡量森林公园生态旅游产品结构合理的内部标准。

④灵敏的自我调整机制。合理的森林公园生态旅游产品结构不是一成不变的。产品结构必须能够随时根据内外条件的变化不断地进行自我调整。对外要根据宏观政策、旅游发展趋势、政治经济环境、竞争对手等因素适当调整产品策略，对内则要针对客源市场、旅游供需、价格竞争等因素不断优化产品结构，并形成动力机制，使得产品结构不断地动态发展，才能长期处于竞争优势状态。

（三）森林公园生态旅游产品结构的调整与优化

从对旅游产品优化理论研究的历程中发现，以城市、区域、地区为研究对象的占大多数，涉及旅游产业结构的研究较多，而对旅游产品结构的研究较少。在总结有关研究成果后，笔者认为森林公园生态旅游产品结构的调整与优化应涵盖以下四个方面。

①调整与优化要素结构。森林公园生态旅游产品的要素结构优化是指使旅游产品组合各个要素之间结构比例达到平衡。所谓产品组合是指旅游产品结构是否有市场竞争力，旅游产品体系在广度和深度上是否能最大限度地满足不同目标群体的市场需求。因此，旅游区应根据市场需求和产品的特色从时间结构、游客的需求及消费结构上来确定合理的要素结构，寻找调整与优化的途径，解决结构不合理的问题，使其均衡发展，然后逐步升级产品结构，最终使旅游区内旅游景点间、景点与各项旅游服务设施之间在数量上、质量上供求一致，呈现良好的发展态势。

②调整与优化类型结构。森林公园生态旅游产品的类型结构优化应从产品组合的宽度、长度、深度以及关联性上进行调整和平衡。旅游产品组合的宽度是指一个旅游地有多少旅游产品大类；旅游产品组合的长度是指一个旅游地的产品组合中所包含的产品项目的总数；旅游产品组合的深度是指旅游产品大类中每种产品有多少品种规格；旅游产品组合的关联性是指一个旅游地的各个产品大类在最终使用、生产条件、分销渠道等方面的密切关联度。增加旅游产品组合的宽度可以扩大经营范围，充分发挥旅游地的特长，提高经营效益；增加旅游产品组合的长度和深度，可以满足广大消费者的不同需求，吸引更多的游客；增加旅游产品组合的关联性，能够提高旅游地在地区、行业的声誉。

③调整与优化时间结构。根据旅游产品的时间结构，将森林公园生态旅游区的时间结构分为三种类型：周末型、节假日型、季节型。周末型主要针对旅游区周边的城市地区，并以周末短期度假，观光与休闲，农业、农家乐等产品为基本形态。在此类产品开发中，要准确评估城市居民周末出游行为的空间分布范围，准确测算出行距离半径、时间半径，准确评估旅游产品文化内涵方面的需求，保持地域文化本真性和原始生态风貌，以适应城市居民周末出游的消费偏好和倾向。节假日型主要针对全年"黄金周"假日和主要传统节假日期间的旅游消费，森林生态区应该构建不同主题的旅游路线，形成不同特色和市场指向的产品，吸引游客，延长游客的滞留时间。季节型旅游产品的形成主要由气候条件变化及植被季相变化决定。我国大多数地区属

于大陆性季风气候，四季气候变化大，而造成通常情况下夏秋两季为出游旺季，冬春两季为出游淡季。

④调整与优化空间结构。根据旅游产品的"点—线—面"空间结构特征，森林公园生态旅游产品空间结构的优化应首先从点上进行，即根据市场需求的变化和产品生命周期的不同，淘汰或改造老化产品，开发符合市场需求的新产品，从产品数量和质量上优化空间结构。其次，优化和调整旅游线路，让每一条线路都富有鲜明的主题，把每个具有吸引力的景点都串联起来。在此基础上，点、线、面相互结合，相互交织，形成森林公园的旅游产品网络体系，最终构成森林公园生态旅游产品新格局。

第二节　TS国家森林公园生态旅游开发概况

一、TS国家森林公园资源区域背景概况

TS国家森林公园位于我国四川省达州市达川区。

（一）区位条件

1. 地貌特征

达川区地处四川盆东平行岭谷区、盆中丘陵区、盆周低山区的连接地带。地形总趋势为北西高、东南低，成因类型属"川东褶皱剥蚀—侵蚀低山丘陵岭谷区"地貌。地貌特征完全受构造、岩性控制。东南部的铜锣山、七里峡山、明月山为东北—南西向的条状山岭，构成了区内低山地貌。达川区以东为广阔的红色潜丘地貌，以北为台状低山地貌。全区山地约占总面积的29%，丘陵约占70%，平坝占1%左右（主要分布于河谷地带）。

从区域地貌类型组合相似性和差异性看，全区可分为四个地貌类型区：东南部平行岭谷区，西部平缓坡台状丘陵区，中部单斜深、中丘陵区，北部台坎状低山区。

2. 气候条件

达州市属中亚热带季风性湿润气候类型。气候温和，热量丰富，四季分明，春早夏长，秋短冬适中；降水充沛，分布不均，盛夏多干旱，秋冬多阴雨；无霜期长，云雾多，日照少；农业灾害性天气频繁，山区立体气候明显。东距太平洋不远，夏季季风从海洋带来大量水气，受南低北高地势抬升和秦岭、大巴山阻挡，容易形成地形雨，降水多集中在夏季。冬季受西北干冷季风影响，空气干燥雨水少，同时北部高山使寒潮入侵强度减弱。

3. 水文特征

达州市内水文网较密集，河流属渠江上游的巴河水系和州河水系，TS 为两个水系的分水岭（除申家峡的西南段外）。达州市西北的河流属巴河水系，流域面积 1376 平方千米；TS 东南的河流属州河水系，流域面积为 1494 平方千米。巴河、州河以沿构造线方向发育为主，明月江、铜钵河以横穿构造线方向发育为主，在次一级河流及山溪，以构造线方向和斜交构造线方向发育为主，分布密集，多呈树枝状。河流切割一般较深，洪期都具有猛涨速落的动态特征，对地下水的补给、径流、排泄等有重要影响。山脉（低山区）两侧切割幼年期横向"V"型溪沟发育。其多为常年性溪流，其动态变化与大气降水密切相关，雨季水量充沛，枯期仅靠地下水维持其径流。

4. 生物资源

达州市优越的自然生态环境，酝酿了丰富的生物资源，共有动植物资源约 6000 余种。在植物资源方面有 5700 余种，占全省种数的 62%；其中仅药用植物就有 1652 种，乔木、灌木 300 余种，栽培作物（含花卉）684 种。在动物资源方面，仅脊椎动物就有 400 余种，其中兽类 60 多种，鸟类 230 多种，爬行类 14 类，两栖类 11 种，鱼类 128 种。

达州市林地面积较宽，全市森林覆盖率达 33.81%，树种资源较为丰富，主要乔木和灌木有 73 科、192 属、357 种。此外，达州市经济作物有近 1000 个品种，尤以药用植物、芝麻、烟叶、油桐、黄花、富硒茶等著名。油橄榄品种为全国最全，已建成种植基地 4 万（1 亩 ≈666.67 平方米），为全国油橄榄基地县；苎麻产量占全省产量的 80% 以上，黄花产量占全省产量的 70% 左右；宣汉黄牛、万源旧院黑鸡、开江白鹅被列为全国、全省的优良品种。达州市已建成 6 个国家级和省级商品粮基地县、5 个生猪基地县、7 个肉（奶）牛基地县、3 个水禽基地县，3 个茶叶基地县、2 个苎麻基地县等，特色农产品和中药材资源十分丰富。

（二）社会经济环境

近几年，达州市国民经济持续快速发展，经济总量跃上 500 亿元新台阶，人们的生活水平不断提高。经省统计局审定，2007 年全年全市地区生产总值（GDP）为 510.41 亿元，比上年增长 14.5%，增速比上年提高 1.7 个百分点，是改革开放以来经济发展最快的一年。

地方财政收支快速增长。2007 年全年财政一般预算收入为 15.83 亿元，增长 38.1%，占 GDP 的比重由 2006 年的 2.9% 提高到 3.1%；财政支出为 78.51 亿元，增长 33.5%。同时达州市政府加大了对农业、教育、社会保障、环境保护、公共事业等的投入。城镇居民收入稳步增加。2007年全年城镇居民人均可支配收入为8551元，增加1345元，增长18.7%，人均消费支出为6755元，增加928元，增长15.9%。城镇居民恩格尔系数（居民家庭食品消费支出占家庭消费总支出的比重）为43.9%。

旅游业稳步发展。年末全市共有国家2A级以上旅游风景区5处，省级地质公园2个，星级宾馆饭店12个。全年共接待国内游客872.41万人次，增长11%。旅游总收入为28.19亿元，增长30.6%。

投资环境良好。达州市山川秀美，资源丰富。随着交通网络的不断完善，达州市作为川渝鄂陕结合部的大城市。秦巴地区经济文化强市和中国西部天然气能源化工基地的地位越来越突出，达州市作为长江上游经济带的重要组成部分和实施西部大开发的重点区域，其经济社会发展将受到国家和省的进一步重视和支持。优越的区位条件，四通八达的交通网络，卓有成效的城市经营和拓展，日臻完善的交通、能源、邮电、通信等基础设施建设，为达州市市旅游业的发展奠定了雄厚的基础；丰富的自然及人文旅游资源，为达州市旅游开发创造了广阔的发展空间；"融入成渝、联动秦巴、强工重农、兴城活商、追赶跨越、富民强市"的发展思路，为全市的建设与发展指明了方向。一直以来，达州市坚持诚信待人、从优待外的原则，加大招商引资的力度，制定并落实了多项招商引资的优惠政策，2004年招商引资项目到位资金28.6亿元。2004年，全市社会固定资产投资完成126.5亿元，比上年增长46.9%。2005年共完成固定资产投资364.67亿元，年均增长31.6%，累计新开工重点项目355个。厚重的文化底蕴，秀美的巴山风光，丰富的资源储备，类型多样、独具特色的旅游商品，使古老而年轻的TS市显示出不可替代的旅游发展优势，成为川渝鄂陕结合部全面开放的投资热土。

二、TS国家森林公园旅游资源分类与评价

（一）TS国家森林公园生态旅游资源分类

可以将森林公园生态旅游资源理解为森林和环境具有满足旅游者观光、游览、度假或其他特殊旅游效用，为森林公园生态旅游业开发利用并产生经济、社会和环境三大效益的各种森林类型和环境因素。合理的分类是科学评价的前提。由于对生态旅游资源这一概念，学者的认识不同，分类依据不同，其分类系统也多种多样。本书借鉴原国家旅游局推出的中国旅游资源普查分类系统，根据国家森林公园的性质和特点，建立的森林公园生态旅游资源分类方案，对TS国家森林公园旅游资源进行分类，见表6-1。

表 6-1　TS 国家森林公园生态旅游资源分类表

系　统	类　型	基本类型	资源单体
自然生态旅游资源	自然景观资源	地质地貌景观	伏羲岭、铁峰山、玉笋峰、天竺峰、三皇岩等
		水体景观	幺塘河、罐子河、金窝湖、岩峰湖、朱家塘等
		天象景观	铁峰山日出、太昊峰晚霞、避暑胜地、清凉世界等
	生物物种生物多样性资源	古树名木	百年香樟、岩豆古桐等
		珍惜植物	南方红豆杉、香果树等
		森林群落类型	南方红豆杉、香果树等
		动物多样性资源	马尾松树、柳杉林、火棘林、杜鹃林等
自然生态旅游资源	生态环境多样性组合	峰谷生态环境组合	羚羊、杜鹃等
		植被垂直带变化	金窝—举人坝向斜谷地、张家山—岩峰洞向斜谷地
	自然生态健身资源	优质空气资源	明显的亚热带常绿阔叶林垂直地带性分布
		体育环境资源	打靶场户外训练区、生态徒步穿越区、攀岩区
人文生态旅游资源	生态农业资源	观光农业资源	绿色农家庄园
		畜牧业资源	土鸡养殖场、羚羊喂养场
		土特产品	铁柑、凤凰柚、万源萼贝、观音豆腐干、森林时令蔬菜、野菜、土鸡等绿色食品
	生态文化资源	历史文化遗址	龙王庙、尼姑庵遗址、扬公庙、钟观音、灯盏窝等
		民间艺术	民歌、龙灯、狮灯、牛灯、车车灯等
		民俗风情	婚丧嫁娶、九月九等告诫、乡土语言等

（二）TS 国家森林公园生态旅游资源综合评价

1. 空气质量一级，森林覆盖率高

85％的森林覆盖率和一级的空气是 TS 国家森林公园最大的资源优势。森林、风景和新鲜的空气，加上山势的雄壮之美，使得 TS 国家森林公园对困居都市、饱受污染之苦、向往回归自然的 TS 地区的人们充满吸引力。

2. 自然生态景观资源丰富，景观价值高

TS 国家森林公园境内风景雄奇壮丽，林木葱郁苍翠，动植物种类繁多。森林公园内，马尾松高大茂密；松针铺地，犹如金黄色的地毯。TS 国家森林

公园夏日松涛蝉鸣，冬日白雪披挂，是达州市避暑赏雪的好境地。此外，还有大片柳杉纯林、香杉、柏木、香樟木以及栎类等镶嵌在马尾松林中，林下有铁仔、悬钩子、杜鹃等。另有云海、日出、雪景三大气象奇观，景观体验价值较高。

3. 山地海拔适中，地质地貌奇特

TS 山势呈东北—西南走向，东北高、西南低，为单脊条状背斜山。东北接宣汉县界，全长 40 千米，宽 3～6 千米。山体窄而陡，山岭呈条形，多为由须家河组硬砂岩构成的锯齿状或长岗岭状山岭，海拔在 800 米以上，最高峰大寨子（又名护城寨）海拔为 1068.6 米。还有魏家山（890 米）、龙洞坪（943.8 米）、小尖山（970 米）、倒华嘴（1014 米）等山峰。山岭东西两侧横向"V"型溪沟发育，溪沟水西北流入巴河，东南流入州河。TS 国家森林公园在安云乡为碑牌河所切割，在申家乡、渡市乡间为州河截断，形成陡峭的峡谷。

独特的自然地理位置形成了 TS 国家森林公园奇特的地质地貌景观。整个山体十分陡峻，脊岭尖削，形似鸡胸状。岭脊上形成一些柱状孤峰，高出山岭 30～50m，由北向南，参差排列，成锯齿状，主要山峰（或孤峰）有塔峰、大崖角、刀背山、二尖山、仙人帽、小尖山等，峰体陡直，要开辟石阶才能攀登上顶。登上峰顶，向东俯视，达州市貌尽收眼底；向西极目，川中丘陵此起彼伏，延绵千里。夏秋季节，雨过天晴，山下云烟四起，午后太阳西斜，雾升虹成；东风吹拂，雾纱袭来，站在峰顶，体若飘游，有如腾云驾雾之感。

4. 人文生态旅游资源可挖掘潜力较大。

比起 TS 国家森林公园的自然生态资源，其人文旅游资源不占特别优势。但 TS 国家森林公园地处整个巴人文化区域内，受地域文化的特殊影响，除保留了部分历史遗迹之外，还保持了较为丰富的民俗艺术资源以及古老淳朴的乡村特色。这些资源的可挖掘潜力比较大，能够在一定程度上提升 TS 国家森林公园的资源品位，发挥资源优势的最大化。

三、TS 国家森林公园旅游开发现状及产品结构分析

（一）旅游开发现状

TS 国有林场始建于 1958 年，属全额拨款事业单位。TS 国家森林公园全部为国有林地，属 TS 国有林场经营管护范围。2006 年 3 月 31 日，达州市汉唐集团委托成都意道旅游策划设计咨询有限公司对 TS 森林公园进行总体策划，旨在通过系统的策划和一系列切实可行的方案解决目前存在的问题，使 TS 森林公园在短时期内重新占领市场。2006 年 7 月，由四川中林环境艺术设

计研究院和四川省林业局，主要就 TS 国家森林公园景观资源进行了总体规划。

2006 年 10 月，达州市向原国家林业局提出设立 TS 国家级森林公园的申请。2006 年 12 月，国家林业局对 TS 森林公园进行了全面的考评和审查，认为 TS 森林公园符合国家级森林公园的设立要求，准予设立国家级森林公园，定名为"TS 国家森林公园"。依照国家相关法律法规和森林公园建设、管理的方针政策，达州市政府坚持"严格保护、合理开发、永续利用"的原则，按照"重在自然、贵在和谐、精在特色"的开发思路，力争早日将 TS 国家森林公园打造成川东地区高品质的生态旅游基地，发挥出更大的生态效益、社会效益和经济效益。

森林公园是在自然保护前提下的以森林生态环境为依托的生态旅游地。通过总体策划和建设，TS 国家森林公园目前已能为游客提供观光、会议、娱乐等综合旅游产品，但其旅游产品结构的建立尚不完善。

（二）产品结构分析

①产品要素结构。从旅游六要素结构的层面看，TS 国家森林公园的要素结构主要是指旅游基础设施、内部旅游交通、旅游景观、旅游购物和娱乐产品的规模、数量、水平和结构状况。目前，森林公园内配套基础设施建设尚未完善，仅有一个废弃宾馆（原 TS 宾馆）和大量废弃建筑物，且设施陈旧，旅游服务的规范化、标准化的程度较低，各种旅游设施和旅游服务的配备比例失调，加上资金投入不足，造成恶性循环。森林公园内的景点在空间上有一定的距离，给游客的游览带来诸多不便，至今没有形成一条内部旅游交通线路，不能把单个景点串成线，形成产品组合优势。旅游景点单一，未能将自然风景资源和人文风景资源有机地组合起来。另外，娱乐点的活动内容单一，缺乏知识性、趣味性及地方文化性。旅游商品种类单一且品质差，未能很好地体现出纪念性、艺术性、礼品性、实用性的特征，缺乏特色。

②产品组合结构。从产品类型结构看，TS 国家森林公园目前的产品类型过于单一，并且还停留在观光型的初级传统旅游产品上，并且缺乏文化特色，商务度假旅游产品还没有形成规模，体验型产品几乎没有。这种结构类型缺乏产品组合的长度、宽度和深度，难以满足不同消费市场的需求。从产品空间结构看，森林公园内各景点比较零散，且空间距离较大，景点与景点之间也没有形成内部交通线路，单项产品之间没有组合，还没有形成较为完整的内部产品网络体系。从产品时间结构看，老产品更新缓慢，新产品推出滞后，没有根据销售市场时间结构特征及时或适合进行产品结构调整，消费与产品严重脱节。

四、TS 国家森林公园生态旅游产品开发存在的问题

（一）旅游产品结构单一

过去 10 年里，由于长期滞留在传统旅游产品的开发和维持上，新兴旅游产品开发缓慢，很多具有市场潜力的资源没有得到有效开发，造成旅游产品结构相当单一。随着周围替代产品的增多，市场竞争的加强，TS 森林公园旅游产品的开发也面临着危机与挑战，公园内增加了一些新兴旅游产品，但大多是一些低层次开发的初级旅游产品，市场认可度不高，导致现有的新兴旅游项目单调，配套设施不完善，资源优势未能很好地转化为产品优势。公园目前缺少具有生态资源特色，形象定位清晰，具有较大市场影响力的品牌产品。

（二）旅游产品同质化现象严重

森林公园生态旅游是随着休闲度假旅游产品的繁荣而兴起的，它满足了人们放松身心、回归自然、释放压力的需求，达州市内的森林公园多地处城市近郊，交通方便，可进入性强，是城镇居民周末出游的主要选择。目前达州市内的森林公园占休闲度假类旅游产品的主导，除 TS 国家森林公园以外，还有雷音铺森林公园、白马坪森林公园、大坡岭森林公园、五峰山森林公园、云雾山生态休闲度假旅游区，八台山—花萼山生态休闲度假旅游区，另外温泉度假地有仙女山温泉、飞云温泉—宝石湖休闲度假旅游区。同类资源增多，加之开发模式雷同，使得森林旅游产品具有很高的相似性，缺乏创新，森林旅游产品同质化严重，制约了 TS 国家森林公园生态旅游的发展。

（三）旅游产品开发建设整体水平不高

TS 国家森林公园拥有较为丰富的自然生态景观资源和人文生态旅游资源，但公园整体开发建设水平不高，主要表现在以下两个方面。

第一，旅游产品数量和质量总体较低。目前公园内除了可供观赏的单一景点外，没有更多种类的产品提供给游客，尤其是体验、健身、竞技类生态旅游产品尚未被开发，数量上还远远达不到开展森林公园生态旅游的标准。现有的传统观光旅游产品质量也不高，园内现有观景点也较为空洞，低质量的旅游产品不能吸引旅游者，甚至造成现有客源流失，使得日益增长的森林生态旅游需求与产品供给不足相矛盾，供求关系失衡。

第二，基础设施建设落后，经营管理水平低。基础设施建设水平关系到景区服务质量的高低，而服务质量的高低又影响着景区整体开发品质的优劣。

公园内现有宾馆 1 个、招待所 1 个，共有中档和普通床位 180 个，会议室 4 个（一次可供 350 人开会），餐厅 3 个（一次可供 400 人同时进餐）；有 TS 大世界、龙井打靶场等游乐设施和三个简陋且没有安全设施的观景点。景区大门老化严重，有些建筑与周围景观不协调，降低了景观质量。游人中心建设不到位，很难为旅游者提供高质量的自助服务。景区内解说系统不完善，景点解说牌老化甚至被损坏，不能发挥解说功能。公共卫生设施、给水系统、游玩娱乐设施等均不够完善，缺乏品位，很难与周围环境和资源相匹配。这些不足制约了 TS 国家森林公园生态旅游产品服务质量的提高，是旅游开发中的硬伤。另一方面，园内的经营管理尚未规范化，还未真正达到国家森林公园的管理水平，旅游服务从业人员素质普遍不高，缺乏专业化培训，由此造成管理不完善，这是 TS 国家森林公园生态旅游产品开发中的内伤。

（四）社区参与水平较低，旅游可持续发展动力不足

社区参与是指社区主体利用被赋予的权利，通过多种形式参与社区的各种事务，自主地表达意愿，贡献才智，并分担相应的责任，分享发展成果的行为及其过程。社区参与森林公园生态旅游是实现旅游可持续发展的先决条件。生态旅游中的社区参与应该既具有一般社区参与的特点，又秉承生态旅游对环境的关注，遵循生态旅游发展的基本原则，以社区参与使生态旅游活动更符合可持续发展的要求。社区参与森林生态旅游产品开发的主要内容包括参与旅游决策与规划、参与旅游经营与管理两大方面。

由于缺乏政府的引导与政策鼓励，TS 国家森林公园内当地居民以社区为单位参与旅游开发程度还比较低，森林公园生态旅游可持续发展的动力相对不足，这也在一定程度上制约了森林公园生态旅游产品开发的质量以及经济、社会、环境效益的提高。

五、问题成因分析

（一）旅游市场结构的变化

旅游市场结构的变化主要体现在客源结构和消费结构两个方面。与过去单一的客源结构相比，随着经济的发展和人均生活水平的提高，现代旅游的客源结构在年龄结构、职业结构、家庭结构上发生了巨大的变化，客源市场的分类也越来越精细化。与此同时，旅游的市场消费结构同样发生着显著变化，即从过去观光型的卖方市场向需求多样化的买方市场转变。消费者对产品的选择不再停留在传统的消费上，而更青睐消费形式的多样化和个性化。

从目前国内外的发展趋势看，人们对于生态旅游，更倾向于健康、刺激、活化类型产品的消费。由此可见，旅游者的消费结构已经较从前更为丰满和多样，这就对生态旅游产品的供给提出了新的要求。然而，由于缺乏对市场结构的分析和判断，TS 国家森林公园未能根据市场结构的变化调整产品结构和营销策略，造成产品结构单一，竞争力减弱。

（二）旅游地生命周期的变化

旅游地生命周期理论是市场营销学中的产品生命周期理论在旅游研究中的演化。关于旅游地生命周期的划定，有的从旅游地本身及环境角度进行，有的从旅游者与市场的角度进行。本书站在旅游产品的角度以求更为本质地分析 TS 国家森林公园生命周期的变化对其旅游开发的影响。根据加拿大学者巴特勒的旅游地生命周期理论，"一个旅游地的发展变化过程一般要经历 6 个阶段：探索、起步、发展、稳固、停滞、衰落或复兴，经过复兴以后的旅游地，又重新开始前面几个阶段的演变"。

TS 国家森林公园在 20 世纪 90 年代曾是当地比较重要和成熟的旅游地，经历了探索、起步、发展和稳固四个阶段，曾一度占领市场主角，呈现一时的繁荣。但 TS 国家森林公园在开发经营上并没有意识到其生命周期的变化，由于对旅游地自身的发展阶段缺乏正确的判断和分析，产品仍然停留在过去单一的结构上，无法适应市场变化的规律，逐渐进入停滞期。停滞期对于一个旅游地而言，是危机但也可以是机遇，这取决于产品开发的策略是否适应生命周期规律，及时在产品结构上进行调整，使其迅速复苏。

（三）资金投入不足

投资资金是一个景区得以开发建设的源泉和经济支撑。而 TS 国家森林公园在过去的 10 年里缺乏政策支持和有效的投资融资渠道，造成长期资金投入不足，使得景区基础配套设施一直得不到修缮。政府资金的流失和民营资本的远离也使 TS 国家森林公园在整体开发上得不到资金支持，公园曾一度陷入自己开发、自己建设、自己推销的尴尬局面，严重制约了旅游产品结构的调整与优化。

（四）开发理念陈旧

理念决定成败！从 TS 国家森林公园的旅游开发理念看，无论是政府层面还是开发商都还停留在资源导向的开发模式上，不敢突破原有的思维定势。现代旅游产品开发倡导"资源—市场"的双向模式，因此，过去的资源导向模式已显得陈旧。一些规划文件对 TS 国家森林公园的资源评价很低，因而很长时间内，大多政府人员和开发商都认定它还只是一座普通的森林公园，没有开发价值。但如果能有效利用资源，进行深度开发并加以延伸，设计出贴近市场需求的旅游产品和项目，这个观念也会被颠覆。

（五）缺少科学的旅游规划

TS 国家森林公园目前除进行了景区总体策划以外，还没有一个科学系统的指导思想和规划措施作为保障。由于缺乏规划的正确引导和可操作性，加之策划先于规划，森林公园的生态承载力没有科学的测定，建设用地没有明确的规范，景区开发没有宏观和微观的科学指导。由于规划的缺失，森林公园旅游开发建设盲目，阻碍了整个景区的健康持续发展。

（六）缺乏专业的管理人员

专业人员对于森林公园的管理至关重要，同时也关系到旅游产品的经营水平。TS 国家森林公园旅游开发中突现的诸多问题，究其原因，无不与专业管理人员的欠缺有关。不仅缺乏旅游专业管理人员，而且缺乏林业管理人员，难以保障在保护资源的基础上合理开发旅游产品。

第三节　TS 国家森林公园生态旅游开发动力机制

旅游动力机制是指旅游发展各要素的协调互动程序，即旅游发展的动力作用程序。弄清景区开发的内部驱动力，对于 TS 国家森林公园生态旅游产品的可持续开发具有重要意义，也是其产品结构调整与优化的依据和基础。

一、持久的需求推动力

旅游动力机制是一个多因子、综合性的驱动程序，旅游要持续发展，首先要有持续的市场需求。因此，客观地分析市场结构，紧跟市场需求创造旅游产品，并且引导培育新的市场，使其保持源源不断的需求推动力，是实现旅游可持续开发的核心动力。

TS 国家森林公园距离中心城市 23 千米，属于城市近郊型旅游景区。而城郊型景区开发的最大优势就在于其特殊的地理区位（紧邻中心城市）带来的客源优势。因此，我们不得不提到达州市的城市发展困惑问题，因为这是产生生态旅游需求的关键诱因。由于达州市地形的特殊性及受地理条件所限，城市的发展及工业化进程加快，城市环境形势严峻：城市建筑密度大，空气质量低于国家标准，城市噪音在全省最高，洪水灾害肆虐等。这些都严重影响了城市整体形象和城市品牌的塑造，同时也影响了居民生活的健康和舒适。

在环境污染的威胁下，越来越多的达州市的居民愿意在闲暇时间回归山林，休养疲惫的身心，而处于城市近郊（23 千米范围内）的 TS 国家森林公园正好为城市居民提供了这样一个理想的场所。通过调查得知，达州市民期望 TS 国家森林公园以生态景区为主约占 TS 市民总数的 42%，期望其以休闲度假为主约占 21%，期望其以健身运动为主约占 16%，期望其以农家生活为主约占 15%，山地探险约占 6%。这说明达州市本地的市民向往生态环境良好的景区，同时在此基础上有更高的生活享受意识，对自身健康和精神生活的要求也较高。在 TS 国家森林公园生态旅游产品开发的需求动力构建上，应该从旅游者心理动机、性别、收入、受教育程度和其他形成旅行模式的个体变量上入手，同时利用目的地营销系统积极引导宣传目的地信息，最终将旅游需求转化为旅游行为。因此，准确把握市场需求，根据需求的变化不断更新产品类型，优化产品结构才能保持 TS 国家森林生态旅游产品的可持续开发。

二、双向的吸引拉动力

所谓吸引，从空间上看，就是由于某种驱动因素使得一物向相对静止的另一物移动和接近。旅游开发的吸引力主要与旅游目的地和路径特征有关，它既包括有形的旅游资源，也包括旅游者的感知与期望。首先，对目的地资源的正确评价和深入挖掘是旅游开发的基础，只有有了载体才能保证旅游行为的产生，好的资源对旅游者始终具有长盛不衰的吸引力。但旅游产品要实现可持续发展，不是资源本身能够解决的问题，也不是单纯地进行基础设施建设就能够实现的，还应该考虑旅游者对目的地的认知度，以及区域经济动机的驱动。因为，随着人们生活品质的提高和见识的增长，旅游者对目的地的新奇感会逐渐变弱，从而追求更高质量的旅游方式，这就促使目的地根据旅游者的感知与需求对产品进行深层次开发，调整产品结构，增强市场竞争力。通过这种互动，既保持原有资源对旅游者的吸引力，又针对旅游者的需要重新组合旅游资源，开发新的产品吸引旅游者前来。

在达州市居民的印象中，对莲花湖、凤凰山、真佛山、百里峡等景区的认知度较高，而对人文资源品质很高的巴人遗址、渠县汉网、古镇等景点的认知度较低。这说明游客对于观光类和休闲类景点的热爱比对人文类景区要强烈，资源品质的高低不是决定游客出游态度的决定性因素。

TS 国家森林公园生态旅游应产生双向吸引力，对其旅游资源进行评价（前面已有论述，不再做评价）和挖掘的同时，还应考虑旅游者的感知，及时调整产品结构，才能持续发展下去。这种双向的吸引尤其对城郊型景区的开发具有重要的意义。TS 国家森林公园在区域市场内与其他同类型景区相比，并不完全属于资源吸引型的旅游产品，资源不具有垄断性，因此更应发挥双向吸引的动力优势和城市近郊的空间优势，开发真正具有吸引力和竞争力的旅游产品。

三、供需平衡力

旅游需求与供给具有相互依存的关系，它们共同存在于同一个市场环境中，相互影响，相互制约，相互促进。旅游需求是影响旅游供给的根本因素，反过来旅游供给又能降低或激发旅游需求。从供给的角度看，旅游产品是指旅游经营者凭借一定的旅游资源、旅游设施和其他媒体向旅游者提供并能满足其在旅游活动中所需要的各种产品和服务的总和，它主要由旅游资源、旅游设施、旅游服务、旅游商品和便捷性构成。现实生活中，完全均衡的供需关系是不存在的，由于受到各种因素的影响，产品的需求和供给总是存在数量、质量、时间、空间以及结构上的矛盾。但我们在谈到旅游产品开发的时候，仍然要强调供需平衡这个内部驱动力的重要性，因此，本书所指的供需平衡是一个相对且不可忽视的概念。根据调查分析，TS 国家森林公园旅游开发长期存在供需不平衡的矛盾。由于资金短缺，无法解决基础设施老化的问题，造成供给滞后于需求；由于产品结构的单一，缺少创新，造成供需数量上和结构上的落差。只有通过有效的调控措施解决供需的矛盾才能使产品具有持续的吸引力。旅游供求均衡的规划调控是一种通过调节旅游供给来实现旅游供求均衡的调控方式，是一种前馈控制，它对旅游供给做出目标限定和范围，其内容包括旅游需求预测、旅游资源开发、供给规律确定、旅游区建设、旅游接待设施供给、相关旅游基础设施发展计划、人员培训和行业规范管理等方面。另一种调控方式被称为过程调控，它是根据旅游市场上旅游供给和需求的变化来调控旅游供求均衡的方式，包括宏观和微观两个方面：宏观上通过优惠政策和限制政策调控；微观上则通过市场机制（价格）对旅游供求均衡的现状进行调控。由此可见，旅游产品的可持续开发是多种因素相互作用、驱动才能得以实现的，而保持供需相对平衡是解决 TS 国家森林公园目前经营现状的内部驱动机制，供需关系影响着旅游产品结构的调整，而产品结构的优化又能在一定程度上解决供需失衡的矛盾。

四、完善的管理体制

国家森林公园的持续发展有赖于一套完善的管理体制来规范经营行为、保护生态环境、促进产品开发。管理体制的实现需要管理机构的建立，管理机构是旅游产品结构调整与优化的制定者、实施者以及管理者。高效完善的管理机构是产品结构调整与优化能否科学实施的关键，同时管理机构要在旅游产品结构调整与优化的过程当中不断进行监督，反馈效果，修正调整与优化策略，从而使旅游产品结构的调整与优化真正起到作用，带动森林公园旅游的发展。根据《森林公园管理办法》，"森林公园的经营建设要建立专门的经营管理机构，负责森林公园的规划、建设、经营和管理，并依法确定其管理的森林、林木、林地、野生动物、水域、景点景物、各类设施等。"另外，还应进行专业人员的管理培训，提高管理人员的专业素质。

五、有效的营销推广

战略上应选择以主要客源地营销推广为基础的旅游目标市场营销战略（TDMS 战略），销售推广应该按照既定的目标市场进行营销网络构建和推广层次、阶段的制定策略，并根据旅游地各生命周期特征选择不同的推广渠道和方法。根据 TS 国家森林公园旅游资源享赋现状、市场调查分析，产品开发的主要目标市场应定位于会议商务市场、休闲度假市场和运动娱乐市场。

TS 国家森林公园旅游产品的销售渠道构建细分为：会议商务市场的销售渠道主要在当地政府、企业的接待机构，而休闲度假和运动娱乐市场的销售渠道主要在旅行社和媒介引导。旅行社主要按区域产品线路组团，尤其是成都、重庆市场，需要打通旅行社这个渠道。媒介引导，主要是针对市民、散客市场。网络渠道主要对自驾车游客，尤其是户外运动爱好者。另外，景区在主要客源市场设立销售办事处，是非常重要的渠道。在推广方法上，报媒、户外广告牌、电视是非常重要的媒介手段。在景区开业阶段，最实用的方式是采用主流报媒，如华西都市报、重庆商报、晨报。最直接和稳定的方式是采用区域性户外媒体广告，如达渝高速路牌、机场、车站户外广告牌。最佳的销售推广策略有立体式集中轰炸、旺季前半个月的概念炒作。另外结合当地的节庆策划营销推广活动也是一条重要的渠道。总之，持久有效的营销推广是 TS 国家森林公园生态旅游产品可持续开发的重要中介支撑和驱动力。

第四节 TS 国家森林公园生态旅游产品结构优化与调整

一、消费市场调查

准确的市场定位决定了旅游产品结构调整与优化策略的选择，而消费者市场调查为产品定位提供了市场依据。因此，首先通过问卷调查等形式对 TS 国家森林公园的消费市场结构和需求进行初步分析，再根据不同收入结构的消费者需求给出适当的客源市场及产品开发定位。

调查形式：问卷、网络、旅行社、媒体、电话、随机采访等。

①调查表投放的数量为 1000 份，有效收回 600 份。

②调查表投放的时间：2006 年 4 月 7 日—15 日。

③调查的地点：达州市区及其周边区、县，共二十多个点（汉唐超市）。

④被调查的对象：在达州市及其周边区、县工作生活的各阶层人士。

⑤调查的阶层：主要是 18 岁以上的成年人，政府职员、企业职员、商人、教师、军人等。

⑥调查目的：有针对性地了解达州市民和在达州市工作的人对 TS 国家森林公园旅游的看法、了解程度及其对达州市景区现状和未来发展的一些观点。

⑦调查数据分析方式：随机抽样调查，饼状、柱状图，列表分析法。

（一）被调查者的收入分析

人数：300。采样点：宣汉店、开江店、朝阳店、花园店。被调查者的收入分析见表 6-2。

表 6-2　被调查者的收入分析

收入（元／月）	6000 以上	5999～4000	3999～2000	1999～1000	999 以下
比例	4%	7%	19%	43%	27%

结论：针对客源的收入水平策划相应项目。

（二）被调查者的休闲消费方式分析

人数：300。采样点：朝阳店、花园店、张家坝等。被调查者的休闲消费分析见表 6-3。

表 6-3　被调查者的休闲消费方式分析

休闲消费方式	农家乐	休闲娱乐	去滨河路	去小吃街	KTV
比例	35%	33%	24%	4%	4%

结论：达州市区内的普通市民最喜欢的休闲方式是农家乐，休闲场所为滨河路。达州市的餐饮消费力非常强。城市居民有强烈的夜生活娱乐习惯，到休闲场所消费已经成为一种习惯。这和当地的收入情况不成正比。但和当地人的性格比较吻合：爽快、热情好客。由于这个城市的物流、商贸发达，途经这里的外地客商和政务人士比较多，这也是当地餐饮娱乐比较发达的一个重要原因。

（三）被调查者的消费意向分析

人数：300。被调查者对 TS 国家森林公园的消费意向分析见表 6-4。

表6-4　被调查者对 TS 国家森林公园的消费意向分析

消费意向	服务质量	景区环境	门票价格	娱乐	文化内涵	距离
比例	27%	21%	19%	12%	11%	10%

结论：达州市民对景点的服务质量、景区环境、门票价格是最爱关注的，影响着消费者的出游意向。游客对景区项目是否好玩、文化内涵、距离的要求相对弱。这说明景区的后期经营管理和服务会直接影响游客的出游态度。

（四）被调查者的旅游产品需求分析

人数：300。被调查者对 TS 景区旅游产品需求分析表见 6-5。

表6-5　被调查者对 TS 国家森林公园的旅游产品需求分析

需求分析	观光	休闲	康体健身	商务	公务	其他
比例	43%	36%	14%	2%	2%	3%

结论：在 TS 国家森林公园未被重新开发的状态下（未正常经营），大部分市民去 TS 国家森林公园的主要目的以观光、休闲为主，部分去康体健身，因山上配套设施不完善，公务和商务去 TS 国家森林公园的机会非常有限，这说明 TS 国家森林公园目前的自然环境清新的空气还是不错的，得到了市民认可，但其在接待设施、旅游项目上明显不足，无法吸引商务和公务员人士前往旅游度假进行消费。

（五）被调查者对 TS 国家森林公园旅游开发定位的期望

人数：300。被调查者对 TS 景区旅游开发定位的期望见表 6-6。

表6-6　被调查者对 TS 国家森林公园旅游开发定位的的期望

期望	生态景区	休闲度假	健身运动	农家生活	山地探险
比例	42%	21%	16%	15%	6%

结论：达州市民对于达川区的期望还是定位在生态景区，对在一个良好的生态背景下进行休闲度假、健身运动、农家生活等有较强的需求。这说明达州市民向往生态环境良好的景区，同时在此基础上有更高的生活享受意识，对自身健康和精神生活的要求也较高。

二、客源市场细分与产品市场定位

按地理区位，将客源市场定位分为基础市场（达州市市民，含在达州市工作的外地人员）、核心市场（重庆、成都以及达州市周边城市）、拓展市场（川渝其他地区以及周边邻近省市或国内其他地区的专业层次客源）。

（一）客源市场细分

1. 按年龄结构划分

TS 国家森林公园的生态旅游产品应包括景观观赏类、文化体验、休闲康体类、科普教育类产品等，以满足各个年龄层的旅游需求。

2. 按收入划分

TS 国家森林公园作为城市近郊旅游产品，应充分考虑城市居民的旅游需求，采取半开放式管理，分为免费项目、收费项目等。因此，这种划分方式从人性化角度可以满足各种收入水平消费者的旅游需求。

3. 按需求层次划分

TS 国家森林公园生态旅游产品包括观光类、休闲度假类、文化类，可以满足各个层次的旅游需求。

（二）产品市场定位

通过对达州市的消费市场及旅游者调查，TS 国家森林公园的开发应该是在保护现有良好的生态环境的基础上，对局部环境进行整治，完善并合理开发旅游项目，以满足普通大众的观光休闲、旅游度假、健身运动、康体娱乐的综合旅游需求。因此，我们将其主题定位为森林生态旅游度假区，它是集生态度假、会议商务、运动娱乐、文化体验、休闲观光、生态疗养于一体的综合型旅游目的地，满足度假、会议、运动、文化、观光、休闲等不同市场的旅游需求。

三、创新产品类型，丰富产品宏观体系

通过前面的分析，可以看出 TS 国家森林公园目前的产品类型还比较单一。通过资源调查和市场分析，TS 国家森林公园应该创新其产品类型，构建产品体系，在原有观光旅游产品的基础上，开发具有体验性质的新产品，并结合休闲度假这一主题定位，形成森林生态旅游系列主题产品，以对 TS 国家森林公园生态旅游产品结构进行优化。

①休闲度假类旅游产品。由于 TS 国家森林公园植被良好，空气清新，并且处于城市近郊，非常适合城市居民周末度假，这也是未来城市居民的旅游时尚。

②生态观光类旅游产品。观光本身就是一种休闲行为，而如何让观光达到休闲的效果，则需要创新。山上休闲、城市近郊休闲、乡村休闲是目前重庆居民最常见的休闲方式。从基础客源市场考虑，结合 TS 国家森林公园所具备的休闲要素，开发休闲观光类旅游产品符合大众的需求。表现手法上，

具体体现在凌云塔、极目亭、徒步登山道、趣味景观小品、森林浴、生态鸟林等；另外可以设计一些针对中老年人的亲体健身项目，如生态穿越、轻自行车观光项目等。

③康体运动类旅游产品。由于工作压力的增加和环境的恶化，很多人都处在亚健康状态，越来越多的人期望通过户外运动保持身体健康，由此诞生了一种新兴旅游产品——健康旅游。森林具有固碳释氧、增湿降温、滞尘降噪、释放负氧离子等作用。其中负氧离子有降尘、灭菌、抑制病毒的功能，并能调节人体的生理机能，因此被称为"空气维生素和生长素"，其浓度已成为评价一个地区空气清洁度的指标，而树木释放出的植物芬香气则具有极强的杀菌和医疗作用。森林生态旅游成为健康旅游中不可或缺的组成部分。

通过调查分析可以得知大多数市民对运动健身、康体娱乐、生态观光、山地探险等项目有较大兴趣，而康体运动类旅游产品正好能满足大众的旅游需求。这些项目主要以森林为背景进行，建设规模较小，环保教育效果好，对人体健康也有利，一年四季都可以进行。TS 国家森林公园具有较高品质的生态环境，尤其是一级的空气质量，非常适宜开发这类兼具运动和娱乐休闲的健康旅游产品。趣味运动项目、亲子家庭项目、儿童乐园、山脚趣味铁人项目、山中军事野战娱乐项目、户外运动训练基地等，构成 TS 国家森林公园独具特色的主题产品。

④商务会议类旅游产品。达州市的物流性、商贸性等决定了它需要一个适合会议商务交流的优良场所，而在达州市目前这样的场所非常少。开发商务会议市场，可以填补这个空白。

⑤科普教育类旅游产品。森林生态旅游产品离不开其特殊的教育功能，因此，表现和传递科普知识，让人们在欢乐的氛围中了解森林、发现奥秘和乐趣是不可忽视的重要环节。而从过去森林公园产品的开发状况看，TS 国家森林公园欠缺这一类产品的设计，这与对生态旅游的理解和开发理念有很大关系。TS 国家森林公园具有公共产品的特殊属性，其教育功能不可忽视。将 TS 国家森林公园作为一个活的生态王国，通过建立解说系统、科普教育长廊、生态主题乐园、结合生态 DIY、"当农民，学农艺"等富有创意的主题活动提高人们认识大自然的兴趣，尤其对儿童和青少年具有较好的教育效果。这些静态和动态相结合的表现形式，既能够达到环保、科普、教育的目的，又能起拉近家庭成员关系的效果，还可以结合特色旅游商品，增强体验性，既美观有趣，又有环保意义。

⑥文化体验类旅游产品。TS 国家森林公园本身比较缺少文化积淀和内容，但可以通过区域文化背景和资源整合来实现文化体验旅游产品的开发，达州

市的历史人物、川东民俗文化资源、巴人文化资源都是良好的素材。因此，建议打造宗教文化、历史文化、民俗文化、巴人文化和乡村文化五类文化体验产品。为了让这些文化更具体，在表现手法上可以采取多种形式，如参观文化展览、参与文化活动、体验文化情景等。就旅游的发展方向而言，文化体验、互动参与是打造文化体验产品的最佳方式。TS 国家森林公园生态旅游产品体系见表 6-7。

表 6-7　TS 国家森林公园生态旅游产品体系表

宏观产品	子体系	项目单体
TS 森林生态度假旅游区	生态观光产品	植被、地质、建筑、园林景观、休闲农场
	康体运动产品	户外训练项目、山地运动项目、趣味娱乐项目
	商务会议产品	酒店会议室、团队训练项目、商务会所、酒吧系列、特色餐饮
	科普教育产品	科普教育长廊、生态主题乐园、科普解说系统
	文化体验产品	宗教朝拜、博物馆、巴人文化项目

四、开发特色旅游商品，优化产品微观体系

从狭义上讲，旅游商品属于景区旅游产品的微观体系。旅游商品一般占景区总体收入的 10%～20%，是景区收入的重要来源之一。国外非常重视景区主题产品的开发和延伸。目前国内景区的旅游商品还处于初级阶段，基本是"靠山吃山"的状态，商品质量不高、文化内涵不丰富是目前旅游商品开发普遍存在的问题。就 TS 国家森林公园的旅游商品开发方向而言，主要考虑到它的地方性、纪念性、艺术性、实用性、方便性、礼品性，可以从以下几方面入手。

①地方文化系列：巴人文物复制品——白虎根雕、泥塑，印有巴人图语的坎肩、围布，漆有巴人印章（巴人遗址出土文物）的陶制工艺品。

②户外运动用品系列：山地自行车模型、铁人三项运动员模型、卡通等。

③饮料系列：矿泉水、保健饮料。

④动漫系列：游戏软件、DIY 光碟。

⑤食品系列：野菜、土鸡汤、蒸鱼等。

⑥药材系列：各类中药材。

⑦标本系列：动植物标本、奇石等。

五、培育和树立景区品牌

从旅游发展的战略高度来看，要把 TS 国家森林公园开发建设为特色十足、

产品层次丰富的旅游休闲度假区和集休闲度假、运动娱乐、会议商务、文化体验于一体的综合性品牌旅游地，必须借助显著的品牌效应，才能对游客产生强烈而持久的吸引力。TS 国家森林公园的品牌旅游产品——TS 森林生态旅游度假区是旅游产品结构的核心，在旅游产品结构中占有举足轻重的地位。景区品牌需要一个产品体系的完整支撑，并通过有效的品牌营销战略，分阶段地逐渐树立品牌形象。上文已经就 TS 森林生态旅游产品体系的构建做出叙述，那么在品牌营销战略的实施上，可从以下几个方面进行。

第一，品牌起步阶段。

整合现有的旅游资源，在观光游览的基础上推出系列轻体育运动娱乐产品、会议商务和休闲度假产品，提出"TS 森林生态旅游度假区"的概念。使游客对 TS 旅游品牌有一个感性的认识。

第二，品牌维护、发展阶段。

深化"TS 森林生态旅游度假区"的概念，在丰富运动娱乐产品内容和休闲度假产品内容的基础上，推出系列相关参与性、体验性活动，强化 TS 森林生态旅游度假区的整体品牌形象。

第三，品牌延伸阶段。

丰富 TS 国家森林公园旅游产品层次，把 TS 国家森林公园打造为生态观光之山、休闲度假之山、会议商务之山、运动娱乐之山和文化体验之山，最终使 TS 森林旅游度假区成为中国西部休闲度假旅游名山。

六、科学组织旅游线路，优化产品空间结构

旅游线路的设计，要充分考虑空间结构的优化，实现由点到、由线到面的空间网络格局。TS 森林生态旅游线路的设计不仅要考虑景区内游路的组织，还要考虑区域线路的整合与联动。

景区内旅游线路如下。

①景区大门—TS 宾馆—户外训练基地（打靶场）—温泉—山谷探险—煤矿酒吧区—大门入口。

②景区大门—煤矿酒吧区—山谷运动区—温泉—户外训练基地—猫儿岩攀爬—TS 宾馆—眺望塔—尼姑庵遗址—森林休闲带—龙王庙—返回商务会所—二门—西区巴国布衣—隧道—大门入口。

区域旅游线路如下。

①市内 2 日游：达州市—TS 国家森林公园—石桥古镇。

②区域长线 4 日游：成都—小平故里—TS 国家森林公园—石桥古镇—中国死海—成都。

③区域长线 3 日游：重庆—TS 国家森林公园—石桥古镇—小平故里—重庆。

这三条线路产品可以推荐给市旅游局、当地旅行社和成都、重庆的旅行社。在宣传资料上也要这样设计，以便为自驾车游客提供旅游线路参考。

七、加强资源的空间整合与集聚

旅游景区资源的空间整合与集聚主要通过科学的功能分区来实现，这是优化旅游产品结构，充分发挥资源规模效应、优势效应、互补效应，由点到面的重要手段。

根据 TS 国家森林公园旅游区的产品定位，结合 TS 国家森林公园的地形条件，TS 国家森林公园旅游休闲度假区的功能分区可确定为"一心五区"，即一个服务中心，五个功能区。这六个区域按照不同的目标市场设置不同的旅游项目，构成完整的度假区产品格局，完成旅游产品结构的优化。

（一）旅游服务中心

按 AAAA 级旅游区的标准进行建设。

在 TS 国家森林公园旅游区入口处，设置一个游客服务中心作为游客的集散地，同时提供旅游咨询、购物等服务。

游客服务中心包括川东民俗文化博物馆、停车场、售票处、旅游商品点、厕所、邮亭、电话亭等设施。建议其设计风格为复古式，建筑设计元素要体现"巴"文化这一元素。

（二）五个功能区

五个功能区分别为商务休闲度假区、康体运动游乐区、生态观光教育区、巴人民俗文化体验区和巴乡农居乡村旅游区，见表 6-8。

表 6-8　TS 森林生态旅游度假区功能分区表

功能分区	目标市场	产　品
商务休闲度假区	商务度假旅游市场	生态宾馆及配套设施、动力温泉、青年旅馆、度假村森林木屋
康体运动游乐区	户外运动旅游市场	趣味运动项目、亲子家庭项目、儿童乐园、山脚趣味铁人项目、徒步穿越、军事野战娱乐项目、户外运动训练基地
生态观光教育区	大众观光旅游市场	凌云塔、极目亭、徒步登山道、趣味景观小品、森林浴、生态鸟林、生态穿越、轻自行车观光项目、生态科普走廊

功能分区	目标市场	产　品
巴人民俗文化体验区	文化体验市场	宗教文化产品（龙王庙、尼姑庵遗址、佛景墙、素食斋、居士静修、古寺体验等）、历史文化产品（唐甄文化研究院、元稹纪念馆及诗碑林）、民俗文化产品（川东民俗博物馆等）等
巴乡农居乡村旅游区	周末短途旅游市场	巴乡故居、"农家乐"、农耕生活体验、乡村度假屋（靠湖边）、瓜果采摘林、纪念林、乡村土特产

八、加强旅游项目建设

（一）旅游环境容量及游客接待量预测

旅游项目建设的规模和质量是建立在旅游环境容量及游客接待量预测基础上的。为了有效保护旅游景区的环境和游客旅游的舒适度，景区接待应该按照国家有关标准进行旅游环境承载力的预测和控制，然后才根据项目的新颖度、市场的接受度、经营的灵活度来确定未来游客接待的量。这样既考虑了景区的可持续性发展，又不损害投资者的利益。旅游环境容量一般采用线路计算法（米/人）、面积计算法（平方米/人）、卡口计算法等。由于 TS 国家森林公园的主要项目基本上设置在路途中，且核心景区的建设用地不大，故采用线路计算法计算容量比较科学。原国家旅游局对旅游景区的游步道标准是 6～12 米/人，这里可以采取最大值 12 米/人。核心景区的所有游步道合计约 50 千米，所以每天瞬间容量最小值是 4166 人，除去两个月的修整时间，年容量约为 127 万人。如果用面积计算法，目前景区总面积是 50 平方千米，局部开发后实际可游面积约 30 万平方米；每位游客基本空间标准采用 15 平方米/人，每天开放时间 9 小时，每位游客在景区平均游览时间 6 小时，则景区每日空间容量是 3 万人。

TS 国家森林公园作为一个区域性度假产品，一年的游客接待量很难超过 100 万人次，从四川、重庆这两个区域的世界级景区和同类景区来看，年接待量超过 100 万人次的景区非常少（主要是九寨沟、黄龙、乐山、峨眉山、青城山、都江堰），其他景区基本在 10 万～60 万人次之间。就日接待量而言，除"五一""十一"黄金周外，这些景区一般也难超过其日环境容量。

从目前设计的项目和该区域的市场潜力来看（达州市有 640 万人、成都有 1000 万人、重庆有 3000 万人），TS 宾馆（一期工程）建成后，景区年接待量预计达到 15 万人次以上（高端游客，以质取胜）；主要策划项目（二期工程）建成后，景区基本成型，游客接待量预计为 60 万人次以上；西区乡村旅游项目（三期工程）建成后，游客接待量预计为 80 万人次以上（大众游客以量取胜）。这样三阶段的预计平均日接待量分别为 411 人次 / 天、1644 人次 / 天、2191 人次 / 天。

（二）根据功能分区加强旅游项目建设

旅游项目是将功能分区产品化的重要环节，项目设置要充分展现分区的功能特色。旅游服务中心重点建设景区大门、停车场、集散广场、川东民俗博物馆、巴蛮子碉楼和旅游商品街。康体运动游乐区重点建设听鸟廊、特色商品店、山地摩托车赛道、青年旅馆、矿山原生态酒吧街、真人游戏吧、山里人家、矿山历险记、欢乐广场、丛林探险、户外运动大本营、阳光温泉、生态穿越走廊、儿童乐园等旅游项目。商务休闲度假区重点建设五星级 TS 宾馆、商务会所及高级别墅、森林度假木屋等旅游项目。生态观光教育区重点建设瞭望塔、涂鸦墙、晨钟、凌云亭（木平台、木亭）、森林浴广场、生态科普长廊、山药堂等旅游项目。巴人民俗文化体验区重点建设龙王庙、听经台、冥想思过台、居士静修堂、历史人物雕塑、林荫道等旅游项目。巴乡农居乡村旅游区重点建设巴乡农居乡村旅游区、巴人农耕生活体验、乡村度假木屋、巴山人家、纪念林和生态林恢复、巴人文化表演场等旅游项目。

第五节 构建 TS 国家森林公园生态旅游产品的保障体系

国家森林公园生态旅游的可持续开发只有构建保障体系以作为其发展的后盾支撑，才能确保旅游产品结构优化的实现以及森林公园开发的整体协调性。

一、规划保障

国家森林公园要实现可持续开发，只有制定宏观的总体规划以及微观的土地利用详细规划，才能有效保证产品开发的可行性以及结构的优化配置。旅游区总体规划为景区发展指明方向和目标，使其合理定位，从全局上规范旅游开发的模式和标准。在总体规划的框架控制下，为了使总体规划落到实处，还要根据土地性质进行用地规划。另外，考虑到环境保护的问题，还要制定用水、道路系统以及景观等方面的详细规划。

TS 国家森林公园最大的优势在于其良好的植被和生态环境，因此，旅游开发不能以破坏生态系统为代价。从长远利益来讲，保护好这里的生态环境也是投资者进行可持续性发展的必要措施。目前，TS 国家森林公园的生态环境由于疏于管理和部分人的短期利益行为，景区上万棵松树已经遍体鳞伤（被剥皮以采集松油），部分地段出现山体滑坡，而且由于开采煤矿，水源已经濒临枯竭。因此，景区应该采取有效措施来改变这些现状。下面主要从土地利用规划、用水规划、道路系统规划和景观规划四个方面具体介绍 TS 国家森林公园规划保障体系。

（一）土地利用规划

首先，应编制专门的区域旅游总体规划为，TS 国家森林公园制定一个整体的控制框架，使开发与保护协调并进。其次，TS 国家森林公园作为第一部类旅游区的国家森林公园，资源属性上属于公有资源，具有公益性质，因此，必须严格按照国家法律进行土地利用规划，保证国有资源的可持续利用。目前，关于第一部类旅游区的用地规划，不同的国家采取不同的方式，但大都以公园分区制为主要模式。通常把国家公园划分为 3 ~ 5 个不同的功能区，如生态保护区、特殊景观区、历史文化区、游憩区和一般控制区。5 个区各自发挥其功能优势，来确保资源的合理利用和永续开发。由于美国国家公园不仅包括风景名胜区，还包括自然保护区、国家森林公园、文物古迹等各种类型，因此，分区制不仅适用于风景名胜区，也适用于自然遗产或文化遗产类型的旅游目的地开发与规划实践。相关规划文件已经对 TS 国家森林公园做了一些功能上的区划，但主要是针对产品开发的功能分区，还不能算作真正的用地规划。本书认为，TS 国家森林公园可以在结合自身特点的基础上，借鉴国外成功经验，采取适当的用地分区制，正确处理好公园保护与利用的关系。

（二）用水规划

目前 TS 国家森林公园景区缺水现象较为严重，山无水就缺少灵气。因为水源不仅关系到景区游客用水问题，也关系到景区的消防、植物培育等问题，同时也限制了景区项目的实施。

目前景区附近的三个水库，主要用途是农村灌溉。景区生活用水，可以在山下田地、坡地处勘探深井，通过管道输送到山顶水塔中。目前已经有200 立方米的日蓄水量，但整个景区用水相当大：游客生活用水、温泉项目用水、园林绿化用水、其他项目用水等。如果按照 1000 人次 / 天的接待量，每人每天用水 1 立方米计算，至少需要 1440 立方米 / 天的蓄水量。加上各类项目用水，那么规划蓄水量应至少保持 2000 立方米 / 天。所以在用水规划上要采取不同的措施。游客生活用水：主要在山下在开采两口深井，保持 1000立方米的日供水量。项目、绿化用水：从附近水库管道输入，保持 1000 立方米的日供水量。消防用水：在山下、山中、山顶建消防蓄水池数个，或兼具水体景观功能的山谷阶梯水池，水源为山上间歇性溪流和天然雨水。

（三）道路系统规划

目前 TS 国家森林公园景区内道路主要由主干道、次干道、游步道组成。主干道是从景区入口到山上宾馆的 5 米宽的水泥路，全长约 10 千米；次干道就是从入口两百米处到煤矿地以及打靶场到主干道等 3 米宽的碎石土路；游步道主要分布在山脊和煤矿山谷下到山上的上山游道。由于主干道已经建设好，以后的工作主要是维护和设立安全警示牌。次干道需要修整路面，使其平整，弯道多的地方尽量改直，加强安全性。游步道分三种：石质、水泥阶梯路（1.5 米宽）、碎石上山步道（1 米宽）、景观步道（不规则）。

景区道路规划尽量让这三种路形成环形游道，或者在多种体验的交通形式下旅游。景区局部构成交通网络。

森林生态观光区尽量不采用水泥游步道，尽量保持其原生态的路面（泥地上有树叶覆盖形成的原生态游道）。在地势低洼处由于下雨易积水，可采用当地的石材进行简单的处理。

（四）景观规划

目前 TS 国家森林公园中的植物主要以常绿的松树为主要树种，四季的景观色彩缺乏变化，尤其在山下的缓坡地带。因此在景观改造中建议引入已驯化成功的阔叶树种和色叶木，在景观层次和色彩上进行调节，做到四季有花、春夏秋冬景致各具特色。

在树种引入过程中要注意外来树种的病毒携带预防及外来物种入侵等问题，最好以当地乡土树种为主，采用针阔混交的形式来绿化景观。前山主要以引进花灌木和落叶乔木为主，后山主要以经济林木（桃、李、杏、核桃、梨）为主。在主干道两侧移植行道树，形成林荫道景观。

二、资金保障

TS 国家森林公园生态旅游产品的开发和景区建设是系统而复杂的工程，需要足够的资金作为经济支持，才能最终将预想变成现实。而 TS 国家森林公园长期处于资金短缺的状况，使其旅游开发难以顺利进行。为解决这一难题，本书认为一方面可以从国家林业防护资金及生态林的补偿基金中抽取一部分投入公园的建设；另一方面可以通过资本市场融资来确保项目的投入与实施。与国家资金扶持相比，资本融资显得更为灵活和具有可操作性，而在项目开发运作的不同阶段，应采取不同的融资方式。

就 TS 国家森林公园而言，其开发模式为"国家所有，企业承租"，以项目本身的优势作保障，实现不同时期的融资决策。项目开发期，应以银行借款为主，辅以战略投资者；项目产出期，应以银行借款为主，辅以信托融资，如可能还可引进新的投资者；项目盈利期，要以债券融资为主，辅以银行借款和信托；项目稳定期，则以股票、债券等形式的资本市场融资为主，银行贷款为辅。

三、政府管理保障

政府具有管理公共产品的职能。TS 国家森林公园作为公有资源，具有公共产品属性。因此，不论从景区产品结构的优化配置考虑，还是从政府职能上出发，都应该将政府管理纳入森林公园的保障体系之中。在 TS 国家森林公园旅游产品调整与优化的过程中，应当明确政府积极主导与市场调节的相互关系，明确各自的分工。政府应在政策、资金、立法等方面对森林公园进行有效的引导与干预，组织协调各部门之间的关系，加强部门职能的功能整合，并且进行监督，这是对产品结构本身的有效管理和监控，是市场不能取代的特殊职能。政府只有有效履行这一职能，才能确保整个森林公园旅游产品开发的整体性和系统性得到保障，从而真正实现产品结构的调整与优化，达到可持续发展。

四、政策和法制保障

如果说政府管理职能是对国家森林公园的管理监控，那么政策和法制就是将其落到实处的具体措施，这里所指的政策不仅包括国家法律政策和行业标准，还包括针对景区具体问题制定的管理条例。政府在制定规划、财政、金融、税收、价格、出入境管理等旅游产业发展政策，为森林公园提供良好的发展平台的同时，还应制定基于资源保护的国家规范。原国家林业局对森林公园的规划设计提出了规范性控制要求，有的已立法成文。比如 1994 年12 月 11 日出台的原林业部令第 3 号《森林公园管理办法》对森林公园经营管理结构的职责等相关细则进行了详细规定；另有《中国森林公园风景资源质量等级评定》（国家标准）、《中华人民共和国森林法》《中华人民共和国森林法实施条例》《森林公园总体设计规范》。这些文件的出台为森林公园的合理开发提供了保障，在一定程度上规范了行业标准，同时也对森林旅游的可持续发展具有积极意义。

具体落实到 TS 国家森林公园的开发上，还应根据景区现状和存在的问题制定相应的管理法则，来保障旅游产品结构的优化配置。

下面针对 TS 国家森林公园目前存在的环境问题，提出几点措施以供参考。

①所有策划项目应最大限度地考虑其与环境的协调性。主要建筑项目应该设置在山下平地、坡地和建设用地处。

②开发部门立即与政府有关部门协调与采取措施，禁止一切在山上采集松油、松脂等破坏环境的行为。

③通过政府协调，禁止煤矿商继续在景区内开采。

④在景区附近前后坡地处和田地处倡导退耕还林。开发商有意识地组织集体植树造林活动。

⑤通过政府协调，禁止在景区范围内开石灰窑，条件允许的情况下建议搬迁附近的水泥厂。

⑥做好环保教育、相关法规宣传工作。通过宣传画、环保手册、广播等方式把环境保护的知识传递到社区居民处和所有游客。

⑦对所有的生活垃圾、废弃物定期进行清理，用车运送到山下垃圾处理站进行集中处理。要分类收集固体废弃物。

⑧禁止向景区附近的三个水库排放污水。所有生活污水，必须经过集中的污水处理系统后才能通过管道排放到山下。在山谷处有意识地设计蓄水阶梯池（与环境协调，就地取材）。

⑨为了保持景区里的空气质量和防止噪声污染，要求所有大型旅游客车全部停放在山下景区入口的广场上，通过电瓶车把游客接送到景区各主要点上。尽量不在山上设置停车场。

⑩逐渐完善森林公园内的植被、生物谱系的调查和培育、标识工作。这样做更利于了解、保护生物的多样性，同时也是旅游景区的一个卖点。

五、社区保障

"社区"一词源自拉丁语，意思是共同的东西和亲密的伙伴。20 世纪 30 年代，费孝通等将"Commonality"的概念引入中国，并将其翻译为"社区"。从地域主义的观点看，社区是指聚集在一定地域范围内的社会生活共同体。这个群体具有相同的生活习惯、风俗、文脉、价值观，并进行共同的利益分配。在这个意义上，社区参与的概念显得尤为重要。森林生态旅游中的社区参与具有一般社区参与的特点，又秉承生态旅游对环境的关注，遵循生态旅游发展的基本原则，通过社区参与使生态旅游活动更符合可持续发展的要求。实践证明，通过社区参与生态旅游资源的共同管理、生态旅游发展决策与规划、旅游经营管理与利益分配，能够提高景区产品开发质量，是保证旅游地可持续发展的一种有效手段。

　　TS 国家森林公园目前的社区参与程度非常低，造成许多当地农户并没有从旅游开发中获得实际利益，而显得被动和沮丧。从经济、社会的长远发展看，社区居民参与不到旅游决策和规划中来，无法产生促进旅游产品结构优化的持续动力，这种状态不利于森林公园的可持续发展。因此，TS 国家森林公园在生态旅游开发中，应积极获取社区的支持。在生态旅游产品的开发、经营、管理以及生态资源的保护等方面给社区居民，尤其是当地农户提供优先参与的机会，让他们从生态旅游和实际发展中受益并感到满足，说服他们放弃砍伐等传统土地利用方式，激发他们自觉保护生态旅游资源和环境的意识。在景区从业人员雇用方面，应尽量吸纳本地劳动力，尤其是农村剩余劳动力，缓解当地就业压力，实现旅游扶贫。社区参与旅游开发的模式，解决了旅游产品结构调整动力不足的问题，并为景区持续发展提供了强有力的保障。

第七章 森林公园生态旅游开发与发展对策——以 ND 森林公园为例

第一节 ND 森林公园的整体布局

一、ND 森林公园生态旅游功能分区

根据景观特征、景点分布、路线布局状况和旅游功能差异，将 ND 森林公园划分为以下五个功能区。

（一）生态游览观光区

生态旅游观光区是为游人提供生态观光、山水游览、野生动植物观赏、登山探险、人文史迹游赏的风景林地，主要位于蒿沟脑景区和平河梁景区。

（二）科学考察实习区

科学考察实习区是为大专院校、中小学校师生及科研院所的科研人员提供科学考察、教学实习、科普教育的专类园地，有珍稀树木园、本草园、杜鹃园、博览园、翠竹园、鸟乐园等，可寓教于乐，启迪智力，主要位于响潭沟景区和蒿沟脑景区。

（三）游憩康乐区

游憩康乐区是为游人提供生态养生、游憩娱乐、强身健体的游乐设施用地，有滑雪场、滑草场、森林浴场、攀岩场、水上乐园、垂钓园等，主要位于蒿沟脑景区和旬阳坝景区。

（四）旅游服务区

旅游服务区是为游客提供住宿、餐饮、购物、停车等服务的设施用地，有宾馆、山庄、商店、茶秀、停车场等旅游服务设施，主要位于旬阳坝景区和蒿沟脑景区。

（五）旅游管理区

旅游管理区是工作人员从事各种旅游服务管理的设施用地，有公园大门、

票房、管理处(站)及管理服务人员办公、宿舍等管理设施,主要位于旬阳坝景区和平河梁景区。

二、ND 森林公园生态旅游景区划分

(一)景区划分原则

根据 ND 森林公园地形地势、山脉水系、景观特征、景点分布、旅游线路的不同,按照 ND 森林公园一景区一景点三级区划系统进行区划。景区划分遵循以下基本原则。

1. 游赏空间的整体性及景观相似性原则

具有相似、相同特征或相互联系的生态景观、自然景点、人文景观、游憩项目等应划为同一景区,形成一个完整旅游功能区。

2. 地形地貌的适宜性原则

ND 森林公园地形地貌多样,篙沟脑地形地貌与旬阳坝、平河梁、响潭沟内景观差异大。因此,宜按照不同地形地貌并以山梁、河沟为界,按林班线(部分按小班)划分景区。

3. 开发建设与旅游管理方便性原则

各景区有不同的旅游项目、建设工程及旅游服务功能。结合 ND 林业局下属国有林场、护林站的设置,景区划分必须考虑开发建设与管理的便利性。

4. 优势景观主导的原则

景区应各有特色,独具吸引力,突出景观主题,形成优势景观主导,并力求充分发挥次要景观的陪衬、烘托作用。

5. 相对独立性原则

ND 森林公园面积大,范围广,比较分散,各构成地块之间有一定距离,周边地域森林权属、社会经济发展水平不同,各景区具有相对的独立性。

(二)景区划分

按照以上原则,ND 森林公园可划分为平河梁、旬阳坝、响潭沟和篙沟脑四个景区。

平河梁景区,即平河梁 210 国道南、北两侧地域;西与西北农林科技大学火地塘教学试验林场相连,东与旬阳坝村为邻,南、北均与平河梁自然保护区接壤。海拔 1860 ~ 2512 米,面积 814 公顷,有 20 个景点。平河梁景区山清水秀,林木茂密,鸟语花香,瀑泉众多,空气清新,气候清爽,尤以高山草甸最为诱人,是 ND 森林公园景观价值最高的景区。充分利用本景区极为便捷的交通条件,在景区北部平河梁高山草甸与森林中开展生态观光、山

水游览、滑草、滑雪等休闲娱乐活动。景区南部到 205 微波站区间，松林茂密，环境青幽静谧，利用此区夏季凉爽的气候、优越的森林生态环境、相对封闭的地形环境、便捷的交通条件，开发建设中高档森林度假区，为高端客源市场提供休闲度假、生态观光、消夏避暑、生态养生、森林沐浴、康体娱乐的优质服务。平河梁景区旅游功能多样，夏能赏景、避暑、度假、登山、滑草、野营，冬可赏雪、观冰、滑雪、溜冰，游人可尽情享受公园的美丽景色。

旬阳坝景区位于旬阳坝镇周围，西至天福寨山梁，东为斜字沟梁，北到小茨沟口，南到蒋家湾，海拔 1320～1875 米，面积 187 公顷，有 8 个景点。该森林公园是旬阳坝镇政府和原 ND 林业局所在地，有 210 国道贯穿景区，交通便捷，水、电、通信等基础设施良好，现有商店、招待所、旅馆、餐馆等服务设施。可利用现有的旅游接待设施，改造原 ND 林业局闲置的建筑设施，新建旅游宾馆，完善旅游接待与服务功能，将其建成具有休闲度假、生态观光、嬉水娱乐、康体健身的综合服务管理区。

响潭沟景区位于月河支流响潭沟内，东接石辊沟，西临斜字沟梁，南至 75 林班南界，北至岩沟口，与徐家坪村集体林接壤。海拔 1350～1850 米，面积 685 公顷，有 7 个景点。东西两侧山势陡峭，林相较好，藤萝蔓延，处处郁郁葱葱，浓荫深处，多种珍稀野生动物常年出没，雀鸟鸣翠。沟谷有响潭河流过，水量较大，河道上有多种奇石，形态各异，河谷较宽，地势平坦，可修建鱼塘和营建动植物景点。利用本区的土地资源和水资源，按照多业共生、多元化发展的思路，把本区建设成为 ND 森林公园的生态经济园区。主要功能是生态观光、山水游览、野生动植物观赏、科普教育、垂钓戏水等。

蒿沟脑景区位于光头山南坡蒿沟脑，西北与户县朱雀国家森林公园交界，南临高桥林场国有林，东连广货街镇蒿沟村集体林，海拔 1250～2889 米，面积 1532 公顷。蒿沟脑景区是 ND 森林公园海拔最高的区域，地形独特，地质复杂，山体高大，石河、石海等冰缘地貌景观，奇特壮观。有 17 个景点。光头山(冰晶顶)、金山、银山、铁板峰等奇峰林立，九龙潭瀑布、黑龙潭等瀑潭竞秀；林木以红桦、冷杉、落叶松为主，高山有草甸灌丛，还有红豆杉、水曲柳、太白红杉等多种珍贵树种，羚牛、金丝猴、黑熊等野生动物活动频繁。西汉高速公路从该景区西侧通过，区位条件优越，可进入性强。主要功能是山水游览、生态观光、登山探险、休闲度假、科学研究与考察等。

（三）景区开发与生态保护

ND 森林公园景区开发建设，应坚持"保护第一，生态优先，科学开发，合理利用"原则。景区旅游设施建设，主要布局在旅游公路沿线和镇村所在地。森林旅游活动，宜沿游览步道组织。对没有景点分布的山林，按天然林保护工程，实行封山育林，严格保护以天然林为主的森林风景资源，保护野生动植物栖息地。分布在海拔 2400 米以上的高山草甸灌丛、冰缘侵蚀地貌，生态环境脆弱，一旦遭到破坏，将难以恢复，因此必须严格进行生态环境保护，限制游人规模。

三、空间结构与职能结构

ND 森林公园除旬阳坝、响潭沟两景区相连外，蒿沟脑、平河梁景区自成体系，平河梁景区与旬阳坝、响潭沟景区相距仅 6 千米，可组成一个体系。篙沟脑景区以文公庙 (海拔 1700 米、天府寨 (海拔 1588.3 米) 两制高点，形成通视走廊。立于文公庙可北看朱雀森林公园景观，南望高桥林场江河川道山村景色，东眺广货街、沙沟田园风光，西观江河源头原始森林和西汉高速公路。月河流域的平河梁、旬阳坝、响潭沟三景区，以平河梁 (210 国道)、天府寨 (海拔 1464.3 米)、斜字沟东梁 (海拔 1875.6 米) 形成通视三角。站在平河梁上，可北观高山草甸、广东山，西望农林科技大学火地塘教学试验基地，南眺龙潭子原始森林，东看月河川道锦绣田园和天然林景色。立于天府寨梁上，可远眺平河梁、茨沟梁雄姿，俯视旬阳坝镇全貌和月河曲流。

根据 ND 森林公园风景资源类型、景观特征和旅游线路及服务设施等旅游产业的内在联系及其与客源市场的需求对接，与当地村民生产、生活和农村经济开发等整体开发建设相协调的客观需要，可把 ND 森林公园职能结构体系分为三大系统，形成较为完整的结构网络和职能体系。

（一）生态旅游系统

生态旅游系统指生态观光、消夏避暑、游憩娱乐、休闲度假等主体系统，具有观光游览、娱乐休闲、生态体验、消夏避暑、康体保健、登山探险、科考科普等多种功能，是森林公园的核心吸引体系。

（二）旅游服务系统

旅游服务系统是以旬阳坝为中心的森林公园综合服务基地、游客集散中心，满足旅游者的吃、住、行、游、购、娱等旅游需求及其他服务需求。

（三）社会经济系统

社会经济系统指森林公园周边居民的生产、生活的社会经济系统。

第二节　ND 森林公园生态旅游产品开发的指导思想和原则

一、ND 森林公园生态旅游产品开发的指导思想

ND 森林公园生态旅游开发的指导思想：以邓小平理论和"三个代表"重要思想为指导，全面贯彻落实科学发展观，妥善处理好保护与开发、生态与旅游、设施与环境、内部与外部等方面的关系，努力构建和谐旅游，建设文明森林公园；突出地方特色，突出重点景区，突出重点建设项目，多渠道、多层次、多形式，筹集开发建设资金，积极创办股份制或股份合作制森林旅游经济实体；坚持高标准、高起点、高质量的规划建设，实行统筹规划，分步实施，滚动发展，逐步完善，又好又快地发展森林生态旅游，尽快把 ND 森林公园建成省内一流、省外知名的森林生态旅游区。

二、ND 森林公园生态旅游产品开发的原则

ND 森林公园风景资源丰富，类型多样，森林生态旅游产品繁多，开发前景看好。目前，森林旅游尚未起步，尚无旅游产品和商品。

旅游产品和旅游商品开发，是旅游资源开发的关键，也是森林公园生态旅游发展的根本所在。ND 森林公园生态产旅游产品开发应遵循的基本原则如下。

（一）市场导向原则

旅游业具有典型的市场经济特征。这就要求，一方面必须准确掌握市场需求和竞争状况，结合资源特色，面向市场，研究市场，针对不同区域、不同层次、不同消费者群体的市场需求，充分利用自身的旅游资源优势，通过策划、设计、加工、组合、包装开发多元化、多功能的具有市场意义的旅游产品，最终变旅游资源优势为经济优势；另一方面，市场经济同时也是法治经济，旅游产品的设计、开发，必须在国家的各项法律法规允许的范围内进行。

（二）独特性原则

特色是旅游产品的灵魂。这就要求必须凸显资源特色、地方特色、区位特色、文化特色，突出旅游体验的别致性，以形成森林公园的整体特色，做到"人无我有，人有我优，人优我新，人新我奇"，继而形成强大的旅游吸引力。但是，独特性并不等同于单一性，旅游产品设计在突出特色的基础上，还应具有多样化特点，在"多""真""新""活"上做文章，以丰富旅游活动，满足旅游者的多种需求。

（三）可持续发展原则

在旅游产品开发过程中，必须将旅游业的发展与环境的良性互动关系放在首位，把生态保护作为既定的基本前提，在保证资源可持续利用的同时，创造经济发展的机会。始终以生态经济学理论为指导，使旅游活动项目与保护生态环境、生物多样性和生物资源协调一致，与健康的文化及审美观协调一致，从而实现森林公园生态效益、经济和社会效益最优化和持续化。

（四）多业共存原则

旅游产品具有显著的综合性特点，这是由旅游活动的性质和要求决定的。整体旅游产品可以满足旅游者对"吃、住、行、游、购、娱"六项旅游要素的需求，其生产过程相当复杂，涉及众多性质、功能不同的部门和行业。因此，森林旅游产品的设计和开发，必须是综合系统地开发。众多产业合理配置，全面协调发展，才能最大限度地降低经营风险，保证森林旅游活动正常进行，从而获得最佳的综合经济效益，促进旅游业健康良性发展。

（五）注重产品营销原则

影响旅游需求的因素复杂多样，且常处于变动状态之中，因此，旅游产品的基本特征是需求弹性较大。这就要求在激烈的市场竞争中，不可忽视旅游产品营销的重要性，必须强化森林旅游产品的营销功能，以增强其吸引力和竞争力。

第三节　加强 ND 森林公园生态旅游产品的开发

一、生态旅游产品开发基本思路

围绕党中央关于全面建设小康社会、建设社会主义新农村、构建和谐社会、建设节约型社会的战略决策，开发符合旅游市场需求的森林旅游产品之总体要求，ND 森林公园应凭借其良好的山景、水景、石景、林景以及高山草甸，积极开发高品位旅游产品，培育持续的旅游吸引力。适宜开发观光、避暑、休闲、度假、养生、康体、娱乐、探险、科考、科普、会议、购物等多种森林生态旅游产品，满足不同层次游客的多种旅游需求。

二、生态旅游产品类型

（一）生态观光型旅游产品

以原生态自然风光为主线，弘扬亲近自然、了解自然、热爱自然、回归自然的主旋律，有目的地提高产品级别，设计特色观光项目，强化精品路线，注重组合搭配，旨在延伸观光线路，延长游览时间，增加观光内涵。各景区都可以开展生态观光游览活动，但侧重点有所不同。

1. 森林草甸览胜游

平河梁景区的原始森林、高山草甸，是 ND 森林公园的亮点旅游资源，具有很高的观赏价值和旅游品位，主要旅游项目为野游、观景、摄影、写生等，让游客感受大自然、大森林的纯美与神奇，以放松身心。

2. 月河沿岸风光游

旬阳坝景区主要分布于月河川道，沿岸杨柳依依，河水清清，房舍点点，一片田园风光。可开展水上娱乐、风物博览、民俗体验、民艺展示、观赏田园景色、参与农事等旅游活动。可与家人、朋友共享山村宁静，也可在河边嬉水、垂钓，洗涤烦躁，愉悦心情。

3. 跌水沟水景观光游

跌水沟以其水景而著称，这里泉瀑相间，河溪相连，群瀑竞秀，多级跌水，水态多姿，声形兼备，水质清纯，具有形、声、色、影、态变化的多样性，景色秀丽。可通过登山观景赏瀑、溯溪赏花、绘画摄影、聆听神话传说、潭边戏水等形式，使旅游者在欣赏美景、亲近自然之余，用心感悟水风景的丰富内涵。

4. 秦岭风光游

公园北部的蒿沟脑景区北枕秦岭大梁，山势陡峭，岩石裸露，并有冰缘地貌遗迹分布。石海、石河、角峰，巍峨壮观。森林植物种类繁多，分布多种观赏价值高的珍稀植物和孑遗植物，具有极高的科学研究和利用价值，如红豆杉等，为研究秦岭山地的古气候、古土壤、古植物等提供了重要依据。通过探险、寻幽、访奇，观赏森林植被垂直带谱，领略"春花、夏荫、秋果、冬雪"的季节性景观特色。可增长知识，开阔眼界，加深对大自然更深层次的了解，更加热爱自然美。

（二）避暑休闲型旅游产品

凸显绿色生态主题，使旅游者充分沐浴在清新宜人的自然生态环境中，体味享受成为主旋律，将自然与人文巧妙结合，依托其"吃、住、行、游、购、娱"等相互配套完善的森林旅游服务体系，提高旅游产品的综合质量，增强景区持久的吸引力。

1. 林海山庄消夏避暑游

林海山庄位于平河梁海拔 2230 米处，视野开阔，森林环抱，环境幽静，盛夏特别凉爽，是消夏避暑的理想之地。游客来此，可消夏避暑、养生健身、高山览胜，消除一切烦恼，顿感心旷神怡。

2. 蒿沟脑休闲度假游

蒿沟脑景区位于旬河发源地。光头山海拔 2889.1 米，是 ND 森林公园最高点。秦岭梁山势雄伟，冰缘侵蚀地貌奇特壮美，原始森林广布，瀑布、碧潭较多。天府山庄具有浓郁的陕南民居特色，适宜休闲度假。游客来这里可开展高山览胜、山水观光、登山探险、攀登险崖、野外拓展等旅游活动。

3. 旬阳坝民俗风情游

旬阳坝是古代子午道上的重镇，也是如今西安南线旅游的重要节点。这里民风、习俗、民居、风情、风物都具有巴楚特色，与关中民俗风情有很大差异。游客来旬阳坝，既可住 ND 宾馆休闲度假，或去平河梁、响潭沟游览山水，也可深入村、组和农户了解、感受陕南民情风俗，体验其深厚的传统文化内涵，还可到月牙湖划船、垂钓，参与水上游乐，或沿月河漫游，尽情欣赏田园风光。

（三）探险野营旅游产品

探险旅游，指在受人类干扰较少的原始自然环境中涉足，通过在自然环境中磨炼，获得个人价值的再创造和别人对自己的一种认可。作为重要的补充产品，探险旅游活动可以磨炼旅游者意志，充分调动旅游者的积极性，改善其人际关系，激发其征服感和自豪感，满足旅游者的猎奇心理。

1. 蒿沟脑登山探险游

蒿沟脑景区地质复杂，地形独特，山体高大，峻峭陡险，森林植被以红桦、冷杉、太白红杉原始林为主，山顶有高山草甸灌丛，是开展登山探险、森林探险、洞穴探险以及野外训练的良好场所。主要旅游项目有山地定向越野、溯溪寻宝、野外生存培训（生火、取水、扎营等）、天然岩壁攀登以及扎筏过渡、合力过桥、荡绳过河等。

2. 原始森林探险游

原始森林探险类产品，主要在于平河梁原始森林"迷宫"有意识地给人们提供一种历险猎奇的感受。错综复杂的茂密森林，更能增添几分神秘的氛围，是探险、猎奇的好去处。主要项目有草甸滑索、野营、徒步、速降、寻秘、辨别方向、救人等模拟游戏。

3. 平河梁野营游

在平河梁景区建立野营地，配置大小帐篷，为来平河梁旅游的青年游客提供野营、野炊、篝火晚会等旅游活动，使他们体验野外生活之情趣。

（四）养生健身娱乐旅游产品

养生健身已经成为现代人追求的一种休闲时尚。充分利用生态养生和体育健身的耦合功能，适应现代社会对于自然与健康的双重追求，进一步体现旅游活动对人们心理和生理两个层面的促进作用，使其高品位性得以展示。

1. 高山滑雪游和滑草游

在平河梁海拔约 2400 米处，建立滑雪场和滑草场，使游客参与滑雪、滑草活动，既可强体健身，又可观览高山风光。

2. 生态养生游

在林海山庄附近的松林辟建森林浴场。利用大森林中空气清新，富含负氧离子的优势，让游人在林中漫步游憩，进行森林生态养生活动，使其强身健体，延年益寿。

3. 野外拓展游

在蒿沟脑景区建立野外拓展基地，开展定向越野、丛林穿越、极限挑战、溯溪探险、空中天平、合力过桥、野外生存、生死电网等旅游活动，使人锻炼身体，增强意志，陶冶情操。

4. 民艺民俗展示

利用宾馆、山庄的多功能厅和户外广场，举办地方民间艺术、民俗风情展示，播映有关 ND 森林公园景观录像及相关的影视片，使游客感受丰富的文化内涵。

5. 水上游乐

组织游客去月牙湖水上乐园、响潭沟锦绣池，参与划船、垂钓等水上游乐活动，使游客感受嬉戏水中的乐趣。

（五）科普考察游

可在响潭沟景区营建珍稀树木园、本草园、山栗园、鸟乐园，在旬阳坝营建 ND 博览园，在跌水沟营建杜鹃园、翠竹园。大中专学校师生和科研院所科技人员可去这些动植物专类园、博览园进行生物、地质、土壤、气候等专业科学考察、研究、实习及其他科普旅游活动。

（六）生态农业观光旅游产品

旬阳坝、响潭沟景区原有农业基础较好，具有整齐划一的绿色田园，可开辟生态农业观光带。这里有经济作物种植、绿色果蔬种植、农作物种植、食用菌养殖、虹鳟鱼养殖等生态农业，可开展生态农业观光及体验类旅游活动。沿月河川道村(组)农户兴办的农家乐，备受游客青睐。游客可住农家、吃农饭、参与农事活动，使其体验山区农村风情、农业生产过程和农民生活。

三、生态旅游线路网络

（一）游览模式分析

根据 ND 森林公园的景区景点分布、景观特色和道路网布局，未来的游览模式大体有以下 4 种。

1. 专程一日游

游客自驾车或乘公交车，自西安、安康出发，早出晚归，在一日内，沿 210 国道，以平河梁、旬阳坝景区游览观光为主，兼顾响潭沟景区，或由朱雀、终南山国家森林公园进入蒿沟脑景区旅游，兼顾蒿沟脑生态旅游示范区、旬河漂流，然后返回西安。此为"专程一日游模式"。

2. 周末两日游

游客利用双休日来 ND 森林公园旅游。第一天，游览平河梁、旬阳坝景区，留宿旬阳坝；第二天，游览响潭沟、蒿沟脑景区。如果时间充裕，可顺道游蒿沟生态旅游示范区和参与旬河漂流。此为"周末两日游模式"。

3. 休闲多日游

西安、咸阳、安康市游客，利用黄金周或暑假，以消夏避暑、休闲度假、生态养生、考察实习、会议商务为目的，时间不定，用闲暇时间，分次游览全园 4 个景区，此为"休闲多日游模式"。

4. 南北过境游

游客自西安—安康，或安康—西安，途经 ND 森林公园，顺路在平河梁或在蒿沟脑景区，或到旬阳坝、响潭沟景区，用几小时游览主要景点，或参与某项旅游活动，谓之"过境游模式"。

（二）园内旅游线路

1. 一日游线

一日游路线可有三条。

①旬阳坝—跌水沟—高山草甸—平河梁(210 国道)—子午驿栈—林海山庄—205 微波站—返回旬阳坝。

②旬阳坝—月牙湖—ND 博览园—响潭沟—动植物专类园—响水潭—返回旬阳坝。

③旬阳坝—天府山庄—天府寨沟 (原路返回)—蒿沟脑—文公庙 (返回或出山)。

2. 两日游线

两日游路线可有两条。

①旬阳坝—平河梁景区—夜宿旬阳坝—月牙湖—ND 博览园—响潭沟景区。

②旬阳坝—响潭沟景区—夜宿天府山庄—蒿沟脑景区。

3. 多日游线

以旬阳坝为中心，分别按以下次序进行第一天的游览，旬阳坝—平河梁景区；第二天，旬阳坝景区—响潭沟景区；第三天，旬阳坝—蒿沟脑景区。也可由游客自主安排，择时分次游览平河梁、旬阳坝、响潭沟、蒿沟脑景区。

（三）区域旅游网络组织

ND 森林公园周边的县 (区) 已开发建立许多森林公园、自然保护区、风景名胜区、国家地质公园、水利风景区等生态旅游园区。区域旅游网络组织，应遵循的基本原则：不同生态旅游园 (区) 的差异性、互补性；旅游线路的通达性、合理性；网络的层次性、渐进性；游程的经济性、安全性。ND 森林公园区域网络组织，以西汉高速、210 国道、西康铁路、西康高速、阳安铁路等为交通干线，联系周边县 (区) 各类生态旅游园 (区)，使其风景资源优势互补，客源市场共享，旅游信息互通，组成较为紧密的生态旅游区域协作网络，该网络可有以下两个层次。

1. 地方旅游网络

依据相关规划文件，ND 森林公园可与 ND 地区已建立或开发的天华山国家森林公园、上坝河国家森林公园、旬河漂流、城隍庙及十八丈瀑布，以及规划的秦岭山地度假风景旅游区 (蒿沟脑生态旅游示范区)、月河自然生态风景旅游区 (黑沟溶洞群等)、十里长峡自然山水风景旅游区 (江河源头)、城隍庙历史文化风景旅游区，组成地方旅游网络。可组建 3 条旅游线路。

北线：ND 森林公园—旬河漂流—蒿沟脑生态旅游区。

南线：ND 森林公园—城隍庙历史文化旅游区—上坝河国家森林公园。

西线：ND 森林公园—天华山国家森林公园—天华山省级自然保护区。

2. 市际区域旅游网络

ND 森林公园所在的 ND 地方周边,相邻的长安县、户县、佛坪县等县(区),现已建立终南山国家森林公园、翠花山国家地质公园、淬峪森林公园、太兴山森林公园、祥峪森林公园、牛背梁国家级自然保护区、太平国家森林公园、朱雀国家森林公园、楼观台国家森林公园等 20 个类似的生态旅游园区,可结成以西安为中心,西安、安康、汉中、商洛市际区域旅游网络。可组织以下 4 条生态旅游线路。

北线:ND 森林公园—淬峪森林公园—祥峪森林公园—太平森林公园—朱雀森林公园。

南线:ND 森林公园—鬼谷岭森林公园—大木坝森林公园—凤凰山森林公园—香溪洞风景名胜区—赢湖风景名胜区。

东线:ND 森林公园—木王森林公园—柞水溶洞—牛背梁自然保护区—牛背梁森林公园—终南山森林公园—翠花山地质公园—太兴山森林公园。

西线:ND 森林公园—天华山森林公园(自然保护区)—佛坪自然保护区—黑河森林公园—楼观台森林公园。

第四节 注重 ND 森林公园旅游商品的开发

旅游商品是旅游产业的重要组成部分,主要包括旅游纪念品、名优土特产品、文化艺术品、旅游食品、特色工艺品、旅游用品等多个方面。在"吃、住、行、游、购、娱"六大旅游要素中,"购"是实现旅游经济发展的重要因素,也是塑造地区旅游形象、推动形象传播的重要手段。此外,旅游商品收入是一项弹性较大的收入,通过增加其独特性,可提高购买吸引力,从而提高旅游业的经济收益。因此,旅游商品的开发对旅游业发展具有重大意义。

一、旅游商品开发原则

①旅游商品开发与森林旅游资源开发相结合原则。旅游商品的开发,一定要与景区、景点建设项目相结合,旅游商品要反映当地的资源特色、项目特色和特定需要。旅游商品在品种、文化内涵、款式等方面将地域性、民族性与纪念价值、使用价值有机结合起来。

②多样性与针对性相结合原则。旅游商品在表现形式上应力求多元化,适应旅游者的多种需求。同时,旅游商品应针对游客的社会地位、经济实力、文化水平、性别、年龄等方面的差异,投其所好。

③旅游商品开发与企业发展相结合原则。充分利用 ND 森林公园由原森

工企业转型的时机，将旅游商品开发与森工企业的转型结合起来，大力培育后续产业，增加下岗职工的就业门路。

④开发、生产、销售相结合原则。旅游商品开发，一定要与生产和销售相结合，做到边开发、边生产、边销售。根据市场销售信息，及时调整旅游商品生产，做到有的放矢。

二、旅游商品开发的基本思路

根据 ND 森林公园的区位特点、地方特色和资源优势，以旅游者的购买心理及购买目的为依据，旅游商品开发应把握"纪念性、新颖性、精致性、多样性"的总体方向，集中力量开发一批"新、优、特"名牌旅游商品，充分利用浓郁的地方特色、文化特色进行包装设计，打造精品系列，不断提高旅游商品的品位与档次。

三、旅游商品开发系列产品

（一）土特产品系列

ND 森林公园地处秦岭腹地，森林覆盖率达 96.6%，有"天然氧吧"之美称。土壤气候适宜多种野生动植物生长、繁殖。ND 地区内的食用菌、干鲜果、中药材、山野菜等绿色产品已基本形成规模，为发展区域旅游商品奠定了良好的基础。同时，重点开发特色食品，如腊肉、蜂蜜、豆制品等，对其进行加工包装，并在当地特色药膳及风味小吃上巧做文章，重点确定绿色食品商标的使用权，既推进宁陕特色食品工业的发展，又为 ND 森林公园生态旅游业发展奠定丰厚的物质基础，实现双赢。可开发的产品系列有以下几种。

①食用菌，如香菇、黄丝菌、刷把菌、苞谷菌、黑木耳等；珍稀食用菌，如白灵菇、双孢菇和鸡腿菇等。

②中药材，如党参、绞股蓝、天麻、猪苓、黄姜、枣皮、桔梗、山茱萸、杜仲等地道名贵中药材。

③林果，如核桃、板栗、猕猴桃、柿子等。

④山野菜，如蕨菜、委陵菜、竹笋、香椿、刺苞芽、青荚叶等。

⑤成品半成品类，如腊肉、豆制品等。

⑥美味药膳菜肴，山民将中药材经特殊炮制与特定的食物合理组方，烹调成取药物之性，用食物之味，供人们饮食、防病治病、滋养美容、延年益寿的菜肴，如鱼腥草炖绿豆汤、香菌炒青菜等。

⑦独特的风味食品，如宁陕苞谷浆粑、宁陕血豆腐干、宁陕神仙豆腐等。

⑧其他产品，如蜂蜜、生漆、花椒等。

（二）特色工艺品系列

这类产品主要就地取材，设计精美，突出林草特色。

①鲜(干)花类，如利用森林公园中的牡丹、芍药、月季、菊花等各种花卉，制作成花束、花篮或干花(草)。

②卡签类，如贺卡、书签、组合图案等。

③根雕类，如利用公园内种类繁多的植物根部，生产根雕，赋予其艺术价值。

④盆景类，如运用园内的黄杨、香柏、杜鹃等，制作各类植物盆景，利用岩石制作岩石盆景。

⑤竹品工艺类，如利用丰富的竹资源，开发竹雕、竹编等各类美术工艺品。

⑥标本工艺类，如利用野生植物枝叶、野生动物及昆虫，创设一定的背景，赋予生活韵味制成工艺标本等。

⑦传统工艺品，如民间刺绣、剪纸、柳编、草编、麦秸杆编、泥塑等工艺品。

⑧小饰品，如取材于公园风光的纪念章、钥匙链、手链等。

（三）文化艺术品系列

以反映宁陕历史文化、民俗文化、生态文化为主题的文化艺术品。

①声像制品类。制作反映宁陕历史文化、民俗风情和特色产品等的录像等，制作发行森林公园风光的广告、歌曲光盘，供出售或赠送领导及知名人士。方式方法可以多种多样，将当地的传说、陕南民歌、历史典故等改编成音像制品，利用现代传媒手段，提高知名度。

②邮品类。可印刷出售旅游风光系列纪念邮票、首航封、明信片等。

③书籍类包括涉及宁陕历史、宗教、神话、民俗等内容的书籍、专著、杂文等。

（四）旅游用品及纪念品系列

印有 ND 森林公园典型风光或标志的文化衫、手帕、背包、遮阳帽(伞)、雨伞、雨衣、拐杖等旅游用品，以及门票、导游图、景观画册、交通图、景点介绍、风情画册、旅游纪念币等。此外，还可提供带有公园标志的吊床、野营帐篷、折叠椅、折叠凳、登山鞋、望远镜等。

第五节　重视 ND 森林公园主题形象与旅游宣传

一、ND 森林公园风景资源的突出亮点

ND 森林公园风景资源丰富，类型多样，有各类景观、景点、景物 53 处，但就其景观特色、旅游吸引力而言，其八大亮点是高山草甸、清凉世界、冰缘地貌、珍稀生物、五级叠瀑、林海雪原、子午古道、楚蜀风情。

（一）高山草甸

高山草甸分布在秦岭梁、平河梁海拔 2400 米以上的大梁、高山顶部。其地势平缓，分布有大小不一的凹形台地，植被茂密，以禾本科草为主，杂有蒿草、莎草、威菜以及松花竹、高山柳，形成高山草甸灌丛景观，是陕西第四大山地草原观光地。

（二）清凉世界

ND 森林公园山高林密，气候清凉湿润，夏无酷暑，凉爽宜人，被誉为"清凉世界"。旬阳坝夏季最高气温仅为 29.2℃，比西安市低 13.7℃。林海山庄海拔 2200 米，极高温可达 26℃，是消夏避暑的理想之地。

（三）冰缘地貌

蒿沟脑、秦岭梁一带，海拔 2400～2889 米，山势雄伟，峻峭陡险，属第四纪冰川遗迹的冰缘地貌，乱石堆垒，形态奇异，石海、石河、角峰等古冰川遗迹地貌，观赏价值、科研价值都很大。

（四）珍稀生物

ND 森林公园大多是原始森林、天然次生林，为野生动植物提供了良好的生存环境。大熊猫、金丝猴、羚牛、红豆杉、太白红杉、连香树等国家一、二级和陕西省级重点保护野生动植物多达 115 种，被誉为"天然动物园""天然植物园""物种基因库"。

（五）五级叠瀑

平河梁景区跌水沟，地势起伏大，瀑布、碧潭有 20 余处，尤以五级叠瀑最为奇特，虽非飞流直下，但连续五个瀑布叠集沟道，总落差百余米，流水顺陡坡石壁流淌，声形兼备，动静结合，游赏价值大。

（六）林海雪原

在平河梁大草甸，因气候高寒，积雪期长达 4 个月，周边林海莽莽，松

竹映雪，一派林海雪原的北国风光，虽不及东北林海雪原那样壮观，但在陕西却是难得的冬季高山赏雪观冰的好去处。

（七）子午古道

子午道始建于汉代，而盛于唐代，是古代京都长安通往南方的五大古道之一。因山道崎岖多修栈道，又名"子午栈道"。旬阳坝是子午古道上的重要驿站，有丰富的历史典故和民间传说，神奇动人。

（八）楚蜀风情

宁陕人口源流复杂，楚蜀人占十之五六，民间语音、民居、服饰、饮食、交往、称呼、婚丧、节日等习俗，都带有浓重的楚蜀色彩，属南方风情体系。

二、主题形象定位

形象策划是森林公园开发旅游的重要内容，也是区域形象设计的主要组成部分。区域形象就是社会公众对森林公园的总体印象和综合评价。从 ND 森林公园所处地理区位、区域特点、资源属性、景观特征、资源亮点，以及在陕西森林生态旅游中的地位，提出以下主题形象策划方案。

一级形象：高山草甸，清凉 ND。

二级形象：平河梁、原生态环境、自然特色、文化内涵。

ND 森林公园的风景资源优势在于森林广布，具有生物多样性的鲜明特点，特别是高山草甸、清凉世界、冰缘地貌、珍稀生物，是其自然景观四大特色，起主要的支撑作用。ND 森林公园还有子午古道、楚蜀风情，具有丰厚的历史文化底蕴。但 ND 森林公园地处秦岭腹地，离西安大都市圈较远，是"藏在深闺人未识"的风景旅游宝地。因此，用"高山草甸，清凉 ND"的主题形象招徕大城市游客，是具有吸引力的。

三、宣传促销口号

ND 森林公园在森林旅游宣传促销中，以"高山草甸，清凉 ND"为主题，依照不同季节特色，用多种宣传促销口号招徕游人。为此，拟定以下几个宣传促销口号。

春游：游 ND 大森林，看西安后花园；去平河梁，观花赏雪。

夏游：ND 消夏避暑，要带防寒衣服；游高山草甸，品塞外风情。

秋游：去 ND 游山水，看红叶品山果；金秋游 ND，赏南国风情。

冬游：去平河梁，高山滑雪；林海雪原，楚蜀风情。

第六节　强化 ND 森林公园生态旅游市场营销策略

一、旅游营销策略

（一）旅游产品策略

运用产品整体概念理论，指导旅游产品开发，推出不同主题的旅游线路。

①运用产品整体概念理论，提高各部门产品的吸引力。森林公园的管理人员及从业人员，都应运用产品整体概念理论来指导工作，要认识到产品是由核心产品、形式产品和附加产品三个层次构成的。若使游客在其旅游过程中的吃、住、行、游、购、娱每个环节都能满意，则森林公园对其目标市场的吸引力就会增加。同时，建立完整而运行良好的服务体系，是提供满意产品的切实保证，也是森林公园宣传营销的坚实基础和保持吸引力永久不变的法宝。

②根据自身资源优势和市场需求特征，设计参与性较强、富有娱乐气息的多样化旅游项目，尽量满足多层次游客的旅游需求。

③根据不同的季节可推出不同的旅游主题，如春季观花、观鸟、垂钓等主题；夏季滑草、野营等主题；秋季采集野果、骑马等主题；冬季滑雪、赏冰等主题。

④根据不同的目标细分市场，推出多样化的旅游专项线路，如攀岩旅游线路、森林氧吧康体线路、草原休闲运动线路等。

（二）旅游价格策略

合理制定价格，灵活运用价格策略，发挥价格杠杆的调节和营销宣传作用。

①由于平河梁景区和篙沟脑景区距离较远，建议采取两种售票方法，即单独售票和捆绑售票的方法。捆绑售票价格相对较低，以起到鼓励游客一次游完整个公园，延长游客逗留时间的作用。

②旅游淡旺季实行不同价格，以达到促进淡季销售及满足不同经济条件游客需求的目的。

③对老人、儿童、残疾人员及当地居民，实行优惠价格，既可为森林公园树立良好形象，又可促进家庭旅游。

④实行数量折扣，鼓励团队旅游。

⑤ND 森林公园与天华山、上坝河、南宫山、鬼谷岭等国家森林公园，岚河漂流、紫阳茶乡、安康香溪洞等旅游景点，推出套餐门票，以达到彼此相互宣传的目的，又可给予旅游者一定的优惠折扣。

（三）旅游销售渠道策略

分别针对森林公园建设期、成长期和成熟期，制定不同的策略。

①森林公园建设期。可采用多渠道策略，尽可能与各旅行社建立联系，利用旅行社已有的销售网络，使森林公园的客源市场迅速扩大，缩短森林公园的投入期。

②森林公园成长期。当森林公园的服务与基础设施建设基本完成以后，要注意选择声誉较好、成本较低的中间商来销售自己的产品，注重对中间商的选择、评估和激励，建立针对森林公园目标市场的旅游销售网络。

③森林公园成熟期。当森林公园不断壮大、经济势力相对雄厚时，可在目标市场所在区域内，设立自己的销售网点，设立森林公园旅游市场常设机构，建立市场开发基金，采用直接和间接销售渠道并用的策略。

（四）旅游促销策略

森林公园应采取灵活多样的旅游促销手段，进行森林旅游促销。

第一，针对不同的促销对象，如旅游中间商和旅游者，以及不同目标市场潜在旅游者的具体情况，提供相应的广告宣传内容，同时注意广告媒体的选择。

第二，根据客观情况选择运用或综合运用各种促销手段；用广告广泛传递森林公园旅游的有关信息，以便在目标市场上广而告之；用人员推销来加强促销的针对性；用促销来刺激潜在消费者的购买活动；通过公共关系活动，使森林公园在消费者心目中树立良好形象，从而使人们愿意来 ND 森林公园旅游。

第三，强化双休日的招徕力度，通过促销力争将森林公园建成双休日旅游基地。具体的促销举措如下。

①在 ND 森林公园建设初期，对西安、咸阳、安康、汉中等城市的一些旅行社，采用人员上门推销的方法，并邀请客源市场地区的旅行社负责人和外联人员来森林公园考察，以增进其对森林公园的了解。

②为了让目标市场能迅速了解 ND 森林公园，并能转化为购买决策，可在旺季来临之前，在报纸及电视上做广告；在森林公园外部交通网的主要枢纽处设大型广告牌，背景是森林公园的代表性画面——高山草甸，其上写公园的宣传口号；广告牌在高速公路出口、火车站、汽车站、重要交通干线及飞机场，增加 ND 森林公园旅游形象设计标志图、导游图和促销口号。

③组织专业作家、记者和知名人士，来森林公园采访旅游，通过他们的作品宣传森林公园景区(点)情况，利用这一民间渠道来影响潜在的旅游群体。

④在安康市和西安市征集旅游视觉形象设计标志。

⑤积极参加每年举办的全国森林旅游博览会、旅游交易会等，推销森林旅游产品。

⑥积极举办有实际宣传效果的旅游活动，如滑草、垂钓、滑冰、滑雪、登山、骑马、攀岩等。

⑦在摄影爱好者中有奖征集森林公园最佳宣传照片。

⑧与新闻媒介建立并保持密切联系。

⑨制作旅游宣传册、森林公园景观光盘及导游图等。

⑩从视觉、行为、理念上建立系统的形象识别系统，使森林公园耳目一新，脱颖而出。

⑪在火车站及长途汽车站等游客集散地，设立森林公园旅游咨询服务台。

⑫进入安康市旅游信息网。

二、旅游促销手段

ND 森林公园应采取宣传促销、社区促销、网络促销等行之有效的多种手段，进行旅游产品促销。

（一）宣传促销

利用电视、广播、报纸、刊物等多种宣传媒体，进行广泛的平面、立体宣传促销。大力宣传 ND 森林公园自然风光、景观特色和旅游服务，扩大社会影响，招徕游客。

（二）社区促销

城市社区是居民集中的活动场所。人们除上班外大部分时间在社区活动。要进入城市社区举办景观展览、发送图册，在庭院、楼道张贴宣传画等，让 ND 森林公园的特色家喻户晓。

（三）网络促销

当今正值信息化时代，ND 森林公园应抓紧网站建设，通过中国旅游咨询网进行网上销售。在陕西省旅游局和安康市旅游局组织协调下，尽快加入中国旅游目的地营销系统（简称 DMS）。这对提高 ND 森林公园的知名度、满足消费者的资讯需求、增加游客接待量、方便旅游交通、提高旅游服务和增加旅游收入等方面，将具有强大的优势和广阔的前景。

第七节　推动 ND 森林公园生态旅游的可持续发展

一、生态旅游开发对策

依据 ND 森林公园所处的特殊位置，依托公园丰富的生物资源、复杂的地质地貌条件及植被覆盖率高、环境优美的资源优势，实施"旅游带动发展，发展促进保护"的战略，开发思路可概括为：以其独特的生态旅游资源为核心，以保护为主线，保护各种珍稀动物及其栖息地的环境，保护区域内自然生态系统和生物多样性的完整性，最大限度地发挥森林水源涵养功能，保护与发展并举，将富有竞争力的生态旅游产业作为生态环境保护和经济结构升级的切入点，将其开发成集观光、度假、休闲、科研、保健等多种旅游活动为一体的、综合性的生态旅游区，并以此为桥梁和纽带，促进公园和周边社区经济、文化发展。

目前，ND 森林公园生态旅游尚处于初期开发阶段，鉴于区域整体经济基础薄弱，基础设施极不配套，旅游业起点较低，生态旅游发展不能操之过急，应该有重点、分步骤、分阶段地进行。从生态旅游资源的可持续性及生态旅游市场的不可持续性两个方面考虑，区分"潜在生态旅游资源"和"可开发生态旅游资源"，切忌，盲目开发。在 ND 森林公园开展生态旅游伊始，为了切实把握生态旅游方向，实现可持续发展的目标，应做好以下工作。

（一）确定"亲近自然，回归自然，认识自然，保护自然"与"娱乐休闲"相结合的开发理念

生态旅游的起源与旅游者回归自然的需要直接相关，旅游者选择生态旅游的活动形式，目的在于追求人与自然之间的和谐，探索自然奥秘，放松身心、陶冶情操与增长知识。因此，为旅游者创造第一手的、参与性的、启迪性的生态体验经历，是开展生态旅游活动的前提。ND 森林公园生态旅游开发应结合游客的特点，确立"亲近自然，回归自然，认识自然，保护自然"与"娱乐体休闲"相结合的开发理念，研究游客的旅游心理，尽量满足旅游者对异质生态景观审美和体验的需求，从而开发出适销对路的旅游产品，如以山区农舍、民俗风情、植被生态、观鸟考察为观光对象的生态旅游休闲活动、夏令营活动等。必须针对主要生态旅游群体进行定位，对整个公园进行统筹，加强各景区、景点间的互补性，联合推出一些组合产品，并制定合理的价格。旅游者与自然的接近，使其了解自然、享受自然生态功能，产生回归自然的意境，从而达到自觉地保护自然、保护生态环境的目的，实现自然保护区旅游业的可持续发展。

（二）进行生态旅游规划、设计和论证，保证景区、景点的科学开发与建设

规划是对未来各种活动方案的选择，生态旅游的良性发展需要科学规划为"基石"，必须坚持"先规划，再开发"。森林公园主要应针对"开发与保护"这一对矛盾统一体，组织专家进行论证，编制各级生态旅游规划，力争在资源结构、经济结构、客源市场结构、旅游项目结构之间建立适合本区的平衡关系。

首先，采用三足鼎立式的规划组织结构，在公园管理机构的统一协调下有序开展。一是成立规划领导编制小组。该小组由政府主管官员和相关部门领导、少部分专家组成，其职责主要是在规划编制过程中及时表达政府的意见，并从宏观整体上把握规划的方向性问题。二是成立专家咨询小组，聘请规划相关专业人士。其职责是对规划中出现的问题进行专业咨询，提出修改意见，帮助课题组解决一些不易解决的问题，特别是指导一些特殊领域的专业问题。三是成立规划技术小组，选择规划专业机构来承担具体的研究和编制工作，这是规划的核心队伍。

其次，总体规划目的在于对未来发展进行预测、协调并选择为达到可持续发展的目标而采用的手段。生态旅游规划主要为该区域生态旅游未来发展"定调子""定盘子"。所谓"定调子"，是指通过受众调查，确定区域旅游形象设计与传播、营销与宣传策略。所谓"定盘子"，是指从空间角度确定资源的利用和布局。简言之，总体规划主要解决的是"为什么"及"做什么"的问题。

最后，详细规划或各专项规划必须在总体规划的基础上编制，必须按照总体规划赋予的性质、功能、规模、主题、空间布局、定位等要求，详细地制定具体方案、步骤、可行途径、实施技术等，主要解决该区域生态旅游"如何做"的问题，要求可操作性强。

（三）发挥资源优势，挖掘区域特色

ND 森林公园生态旅游的开发，必须立足实际，扬资源特色之长，找准定位。以"原生态"为主题，以野生动植物景观为优势，凸现"山、峰、石、林、水、瀑、云、雾"组合的步移景异式的风景画卷的特色，深化资源的文化内涵，增强个性，特别是与资源背景相同、客源同一的邻近景区相区别，避免趋同性，树立鲜明的景区形象。

（四）合理布局，重点开发

贯彻"统一规划、分步实施、滚动发展、逐步完善"的方针，按照森林公园资源结构特征、自然环境条件及用途的不同，严格划分各种功能区，以生态伦理学与景观生态学思想为指导，本着综合协调，方便管理、保护、利用并能充分满足游客需求的宗旨，使各种特色游览区、娱乐活动区、生活服务区、管理区、保护区等在地域上有机组合，形成功能明确、分工合理的吸引物体系，实现地域结构与功能的高度统一。

（五）注重信息传播，全方位进行生态旅游促销

在开展生态旅游实践过程中重视生态保护与生态持续利用等信息的传播，以生态理念的信息传播作为生态管理的必要前提，通过信息传播来加强不同群体之间的认同与默契。通过标本、图片、影视、录像、图书资料、生态旅游指南或手册等向游客普及生态旅游知识，使广大旅游者关注生态，增强生态意识，自觉保护生态环境，使生态旅游真正成为"人与自然"和谐统一的桥梁。在此基础上，做好生态旅游产品包装，注意塑造公园自身形象，加强宣传促销力度，加大宣传投入，充分利用报刊、电台、电视等新闻媒体。通过摄制专题风光片，撰写文章，进行广泛宣传，并依据各地客源市场的不同情况采取点面结合等不同策略，展现观音山保护区生态旅游景点的迷人风采，为市场开发和促销打下坚实的基础，如印制公园旅游简介和宣传单，参加区域性的旅游交易会、商贸会等促销活动，有计划地培育森林公园的旅游市场。

（六）建立健全生态旅游管理机制，不断提升管理水平

开展生态旅游必须要有健全的管理机制。首先，由于生态旅游管理目标与管理主体(亦含对象)的多样化特征，就决定了其管理手段的复杂性，也就是说，管理者在生态旅游管理实践过程中必须注意研究各种管理手段(如教育手段、政策工具、法律手段、利益驱动、社会舆论、决策参与等)综合运用的方式、技巧、组合及其作用、效果、影响力，不断在工作中摸索，提高管理水平。其次，必须建立森林公园生态旅游管理信息系统，对其管理状况、管理水平制定生态、经济、社会等方面的定量指标，并进行严格的跟踪调查与评价，以保证森林公园生态旅游业的持续发展。第三，针对旅游者、旅行社和导游、饭馆和旅店经营者、公园管理者、当地政府和居民等制定详细的管理细则，以法规形式规范其行为。最后，森林公园要通过培训或引进等方式，建立一批高素质的管理队伍，并定期对从业人员进行专业培训，以提高服务质量，为生态旅游树立良好的形象。

（七）引导社区群众积极参与和协作

在生态环境的发展和保护中不可忽视的一支重要力量就是当地居民，绝不能忽视和排挤当地居民的参与和协作。

①劳动密集型产业要消化吸收山区的部分剩余劳动力；②景区卫生清洁、垃圾收集、林木养护、森林防火等环保方面应尽量雇用当地居民；③临时雇用部分村民参加资源调查或其他工作；④帮助当地群众发展腊肉、黑木耳、香菇、山茱萸等旅游购物品的加工生产，改善购物环境，为当地居民提供更多销售其土特产品的机会；⑤鼓励社区群众参与旅游活动，适当加以培训，引导其积极参与投资兴办餐饮业、筹办文化娱乐设施和具有地方特色的民俗文化节；⑥采用发展农林复合经营等替代产业或项目，并赋予其土地使用权，降低园内可依赖性自然资源的消耗，缓解当地居民进入生态旅游区获取资源的压力，实现自然资源和自然环境的可持续利用。

二、生态旅游环境与资源保护对策

虽然生态旅游不会像传统大众旅游那样对环境带来巨大的负面冲击，但生态旅游资源如果开发利用和管理不当，或缺乏科学的检测措施，同样也会给当地的环境和社会带来一定负面影响。中国人与生物圈国家委员会对我国生态旅游现状的调查报告显示，中国 44％的生态旅游风景名胜区存在垃圾公害，12％存在水污染，3％存在空气污染，已有 22％的生态旅游风景名胜区因开展旅游而使保护对象受到损害，11％出现旅游资源退化。因此开展生态旅游活动，其形势不容乐观。

（一）生态旅游环境保护对策

环境保护是开展生态旅游最基本、最重要的任务，也是实现生态旅游业持续协调发展的先决条件。许多生态旅游开发建设的经验告诉我们，优越的环境质量不仅有利于社会经济的发展和人类的身体健康，而且有利于自然保护区本身的长期发展。"预防胜于治理"，为了确保 ND 森林公园在开展生态旅游过程中自然景观和生态环境不受干扰和破坏，实现生态旅游业的持续发展，开发伊始，应制定旅游环境保护规划，采取相应的环保措施作为旅游可持续发展的支撑，将开发旅游资源和开展旅游活动带来的环境影响控制在最低限度。生态环境保护的对策主要包括以下几个方面。

1. 增强法制观念，依法保护环境

生态旅游活动必须在法律、法规允许的范围内开展。这些法律、法规主要包括：《中华人民共和国环境保护法》《中华人民共和国野生动物保护法》

《中华人民共和国森林法》《中华人民共和国陆生野生动物保护实施条例》《中华人民共和国水污染防治法》《中华人民共和国大气污染防治法》《中华人民共和国环境噪声污染防治条例》《中华人民共和国水法》《中华人民共和国土地管理法》《中华人民共和国固体废物污染环境防治法》《中华人民共和国自然保护区条例》，等等。我国签署加入的一批国际公约、协定及协议书有《濒危野生动植物物种国际贸易公约》《生物多样性公约》，等等。陕西省为保护旅游资源和环境颁布的地方专项性法规有《陕西省旅游管理条例》《陕西省旅游规划评审管理办法》，等等。ND 森林公园在建设开发过程中，应认真学习、宣传、贯彻相关法律法规，要加强对职工和游客的法制教育，增强法制观念，提高环境保护意识和环境保护的自觉性。

2. 合理规划布局，加强对大气环境的保护

首先，合理规划布局，统筹安排。比如，厕所、污水处理厂、垃圾集中处理场必须建在全年主导风向或旅游季节主导风向的下风侧。停车场应设在厕所、污水处理厂、垃圾集中处理场的上风侧，并与野营地、游览地等保持相应的空间距离，以减少汽车和灰尘对大气环境的影响，等等。其次，完善景区、景点的各项服务设施，构建新型绿色体系。比如，改进燃烧设备，使燃料充分燃烧，还可采用适当的除尘装置，减少烟尘、粉尘等有害物质的排放；改变燃料结构，逐步使用天然气、煤气、石油、风能、水能、磁力、太阳能等清洁能源，集中供热 (暖)。最后，具备超前意识，使用污染少的新型交通工具，如烧天然气的环保车、太阳能电池板车、电瓶车等，减少尾气污染。

3. 采取切实措施，加强对水环境的保护

ND 森林公园是旬阳坝、广货街及其周边村镇的主要水源地，因此，公园对涵养水源，保持水土，改良气候，保证下游区域群众生活、生产用水具有重要意义。因此，对于水环境的保护必须予以高度重视。对此要求搞好水环境保护规划，即对河流进行饮用水区段、娱乐用水区段和其他用水区段划分。对于饮用水区段要划出一定的保护范围，严禁在取水点 100 米范围以内和河流上游倾倒垃圾、排放污水。同时，必须建设污水处理设施，在游人活动集中的地方建立完善的供排水系统；修建污水净化池和化粪池，对废水、污水进行处理，回收和重复利用水资源。

4. 提高卫生管理水平，树立良好生态形象

生态旅游景区本身的形象就是一面镜子、一块招牌，较高的卫生管理水平其实也是构建良好"生态"形象的重要组成部分。随着旅游活动的开展，游人数量的增加，必然会产生大量的生活垃圾，对此，森林公园应注意处理好生态旅游非变相城市化与现代生活对卫生要求的关系。在宣传方面，应在

景区一定范围设置宣传牌，提醒游客不要乱丢垃圾，传播现代环境意识和卫生意识。在卫生管理和设施方面，要在道路两旁每隔一定距离设置一个垃圾箱，并配置专人清理垃圾和打扫路面。建设垃圾处理场，采用填埋或焚烧处理方法，但应注意远离水源和预防森林火灾。应对旅游厕所问题予以特别关注，与厕所密切联系在一起的还有粪便、污水处理的问题。这方面应学习国外的先进技术和管理经验，如"无水厕所""无臭厕所""免冲厕所"等，厕所要配置专人管理和打扫，保持清洁与卫生。

5. 加强环境监测，及时掌握环境变化趋势

环境监测是有效保护环境的另一重要途径。ND 森林公园管理部门应定期邀请环保部门或有关科研机构对保护区内的大气、土壤、水体、生态系统及生物多样性进行测定和调查，及时、准确、全面掌握环境质量的现状和发展趋势。若环境受到污染和破坏时，应积极了解追踪环境污染物时空分布特点、污染途径和污染源，采取有效治理措施，确保环境质量不再进一步恶化。

（二）生态旅游资源保护对策

1. 保护风景林

风景林是自然保护区自然景观之一，也是开展生态旅游的基础。随着生态旅游资源的开发和旅游活动的开展，进入森林的游人将会增多。一方面野外用火机会增加，火险等级提高；另一方面游人带入保护区的病虫害源也随之增加，同时森林中的珍稀植物和名贵花木也极易遭受破坏。因此，必须加强风景林保护工作，确保森林资源不受破坏，保持自然森林景观的完整。

①加强法制宣传和环境意识的教育。在我国，贯彻执行《中华人民共和国森林法》是使森林资源免遭破坏而得以保护的根本措施，而依法、执法的前提条件是懂法。森林管理部门要认真学习贯彻落实《中华人民共和国森林法》及国家、地方有关保护森林的法规，依法治林护林，并通过各种形式开展法制宣传，加强对当地居民及旅游者的教育，杜绝采折花木枝叶等对森林资源造成破坏的行为，确保森林资源不受人为破坏。

②加强森林火灾预防工作。火灾是森林的大敌，预防不仅是防止森林火灾的一项重要基础工作，而且是一项群众性和科学性很强的工作。森林火灾预防必须坚持行政领导负责制，充分发动群众，依靠群众，不断提高、强化群众的防火意识，坚持依法治火，严控火源，确保森林安全。对此，还应做好以下工作。第一，建立防火组织机构，做好防火宣传教育工作，强化火源管理。《森林防火条例》第四条明确规定，森林防火工作实行各级人民政府

领导负责制，各级人民政府要把森林防火工作列为重要任务，实行统一领导，综合防治。ND森林公园管理部门必须重视森林防火工作，主要领导要直接负责，设立防火办公室，配备专职干部，成立护林队伍，负责森林防火工作。第二，大力开展森林防火宣传教育，不断强化民众的森林防火意识和法制观念，提高各级领导对做好森林防火工作重要性的认识和责任感，使森林防火工作变成全民的自觉行动。第三，要强化火源管理，特别是人为火源管理。在公园的主要景点，服务设施周围要设立永久性防火宣传牌，配备灭火器具，制定用火、灭火制度，设专人管理；火险期内，严禁游人带火进入景区和在山林内随地吸烟、生火取暖。第四，进行林火监测，完善防火设施。林火监测是预防森林火灾的重要途径。森林公园要建立地面巡护护林队伍，进行森林防火宣传，清查和控制非法入山人员，依法检查和监督防火规章制度执行情况，进行林火监测，及时发现火情，积极组织扑救。第五，完善防火基础设施，增设通信设施，增置风力灭火机及其他灭火器材，建设防火瞭望台。第六，设立固定吸烟、用火场所。保护区应设立固定吸烟和用火场所。严禁游人在非指定地点吸烟，生火野餐，一旦发现，要严格按防火条例和有关规定处罚。

③加强森林病虫害防治。森林病虫害防治是保护森林旅游资源和自然景观完整的又一重要工作。森林公园在防治病虫害方面应坚持"预防为主，综合治理"的方针。首先，认真贯彻学习《森林病虫害防治条例》和《植物检疫条例》，建立森林病虫害防治责任制度，加强森林病虫害的调查、监测和防治工作。其次，加强植物病虫检疫，对于引进的各种树种、和其他植物繁殖体进行检疫，把病虫源消灭在萌芽时期；对于从外地和病区进入的车辆物资要进行消毒处理，防止外界病虫源进入公园。最后，对于园区内已染病的林木，如虫害木、病腐木和枯立木及时清理伐除，以保持林内卫生和减少病虫源。同时要保护林内鸟类，严禁乱捕乱杀，充分发挥鸟类的生物防治作用。

2. 保护野生珍稀动植物

森林是野生珍稀动、植物生存栖息的重要场所，而野生珍稀动植物是森林的重要组成组分，它们不仅具有美学观赏价值和经济价值，而且具有重要的科研教育价值。近年来，野生珍稀动植物及生物多样性保护越来越受到人们的重视。ND森林公园由于地处特殊的地理位置，森林覆盖率较高，自然环境区位优势明显，园内有许多国家一、二类保护野生动植物种类，因此在开发旅游资源时，一定要强化野生动植物保护意识，采取切实可行的保护措施。第一，要认真学习贯彻落实《中华人民共和国野生动物保护法》和国家、地方有关法规条例，把保护珍稀动植物资源当作公园的基本任务，要成立专门组织，配备专业人员负责管理保护珍稀动植物。第二，要大力做好教育宣传工作，加强对游客的管理和引导，倡导文明观赏野生珍稀动物的意识，严禁非法捕猎和贩卖珍稀动物，严禁乱挖乱采珍稀植物，对于违法犯罪行为要彻底追查，依法严惩。第三，在野生动植物集中分布区和栖息出没区，要划定保护范围，设置必要的安全警示和保护措施。在旅游旺季，应对每周甚至每日的游客量加以控制，尽量减少游人活动频率，在野生动物的繁殖期还可适当采取措施，确保珍稀动植物的栖息环境不受破坏。

3. 保护景点、景物

ND 森林公园的天然景点和景物特别丰富，它们是开展森林生态旅游的物质基础。若不严加保护，一旦受到破坏，也就失去了对游客的吸引力。因此，保护旅游资源也就是保护旅游业和人类自己。为了保护风景资源，使旅游业持续稳定发展，必须采取有效的保护措施。

①依法保护风景资源。认真贯彻执行《中华人民共和国文物保护法》《中华人民共和国环境保护法》《自然保护区土地管理办法》以及关有地方法规条例，健全景点、景物保护组织机构和制度，加强护林工作和防火工作，在重点景区点要派专人看护。

②严格控制游人数量。在旅游旺季，必须按设计容量控制客流量、车流量，对每日上山的游人实行限量措施，防止因游人过多，风景区超负荷运行，造成对景点的冲击和破坏。

③完善保护制度。严禁在风景区开山取石、乱伐林木。对于重点景物和人文景观要设置辅助保护设施，防止游人乱攀、乱采、乱写、乱刻等不良行为的发生；严禁在风景区乱修、乱建、乱堆、乱丢杂物，对于违反者要按情节依章处理；可暂时封闭已遭破坏和容易受到破坏的景区点，时间可长可短，目的是使其休养生息，恢复其自然生态平衡。

④旅游开发与灾害防治紧密结合。组织水文、环保、林业、地质、气象等部门的专业技术人员，加强对旅游山地灾害的调查研究；在山地旅游开发中，把防灾、抗灾、减灾和救灾的具体措施纳入其中，建立火灾、山洪、森林病虫害观察站，建立预警系统。

⑤加强对各类建设项目的管理，保持原有风貌。山地旅游区及周围的各类建设项目，要符合规划的要求，严格执行国家有关基本建设项目的环境影响评价制度。道路等建设项目要尽量减少对生态环境的破坏。对已被破坏的景观和地段，要采取措施予以恢复。建筑物宜依山就势，藏而不露，建设风格宜山野化，体量不宜过大，布局宜分散，色彩宜淡雅，材料宜就地取材。总之，建设项目要与自然环境相协调。

参考文献

[1] 章文波，陈红艳.实用数据统计分析及 SPSS 12.0 应用 [M].北京：人民邮电出版社，2006.

[2] 程道品.生态旅游开发模式及案例 [M].北京：化学工业出版社，2006.

[3] 李昕.旅游管理学 [M].北京：中国旅游出版社，2005.

[4] 谢彦君.基础旅游学 [M].北京：中国旅游出版社，2004.

[5] 兰思仁.国家森林公园理论与实践 [M].北京：中国林业出版社，2004.

[6] 钟林生，赵士洞，向宝惠.生态旅游规划原理与方法 [M].北京：化学工业出版社，2003.

[7] 钱易，唐孝炎.环境保护与可持续发展 [M].北京：高等教育出版社，2000.

[8] 马耀峰，李天顺，刘新平.旅游者行为 [M].北京：科学出版社，2008.

[9] 张国洪.中国文化旅游——理论·战略·实践 [M].天津：南开大学出版社，2001.

[10] 张红.基于钻石模型的江西森林公园生态旅游竞争力分析 [J].林业经济问题，2014，34(6).

[11] 罗文标.国家森林公园生态旅游的可持续发展研究 [J].林业经济，2013(3).

[12] 马洪菊.重庆市玉龙山国家森林公园种子植物区系分析 [J].重庆师范大学学报 (自然科学版)，2010，27(5).

[13] 袁龙义，王兴伟.天阶山国家森林公园旅游产品开发研究 [J].绿色科技，2012(4).

[14] 雷莹，杨红，尹新哲.基于 ZTCM 模型的森林公园游憩价值分析——以重庆黄水国家森林公园为例 [J].管理世界，2015(11).

[15] 张丽，丁若明，刘英亮，等．金龙山森林公园旅游产品创新研究 [J]．中国林业经济，2013(3).

[16] 王然，张丽云，徐宁，等．木兰围场国家森林公园生态旅游规划 [J]．湖北农业科学，2013，52(11).

[17] 王茜，朱军．博州精河森林公园旅游资源开发利用探讨 [J]．陕西林业科技，2015(5).

[18] 唐建兵，黎忠文．反规划理论视域下森林公园综合体生态文化建设规划研究 [J]．中华文化论坛，2014(11).

[19] 彭夏岁，郭进辉．基于 RMP 理论的泉州森林公园旅游开发 [J]．福建林业科技，2014，41(1).